조경수목도감

대한주택공사 편

技文堂

머리말

주택공사는 1962년 창립 이래 무주택 국민의 주거생활 안정을 위해 아파트의 대량공급, 신도시 건설, 도시재개발사업 등에서 선도적인 역할을 담당함으로써 우리나라에 새로운 주거문화를 만들어 왔습니다.

1970년대 초 우리나라에서 조경이라는 용어가 사용되자 아파트 단지의 조경에도 관심을 두기 시작하여, 옥외공간에서의 일상생활이 활성화될 수 있도록 많은 노력을 기울여 왔습니다.

최근 주택의 질을 높이기 위하여 외부공간의 특화가 중요한 전략이 되어가고 있어, 옥외공간 조성에도 기본적인 기능충족에 더하여 환경친화적 건설·자연생태적 질서의 회복·한국적 전통미의 추구 등 새로운 경향이 일어나고 있습니다. 이러한 맥락에서 수준 높은 옥외공간을 조성하기 위하여는 단지계획을 비롯한 상위계획 단계로부터 조경을 위한 계획과 이용자 중심의 설계 그리고 설계기법 및 소재사용의 다양화가 필수적이라고 생각합니다.

그간 조경분야에서 계획이나 시설차원에서의 기술발전에 비하여 가장 기초적인 녹지 차원에서의 기술축적이 상대적으로 등한시되어 왔다는 개인적인 생각을 감출 수 없었습니다. 특히 식물재료의 특성이나 배식기법 등에 관해 실무에 종사하는 사람들이 일기 쉽게 정리해 놓은 책자가 부족하여 설계 및 시공을 담당하고 있는 실무자의 수목에 대한 이해를 돕고, 조경분야의 기술발전에 조금이나마 도움이 될 수 있다고 생각되어 출판하게 되었습니다.

바쁜 일과 속에서도 사진 촬영과 자료 정리에 많은 애를 쓴 직원들의 노고를 고맙게 생각하며, 출판을 맡아준 도서출판 기문당에도 감사를 드립니다.

1998. 6.

편집대표 **권 문 헌**

1. 이 책은 주공 아파트의 품질향상 방안으로 실무자들의 식재 계획 · 설계 및 시공 등을 위한 업무 참고자료로 기획되었다.

2. 이러한 기획의도에 따라 기존의 도감류에서 다루고 있는 분류학적 정보보다는 실무에 도움이 될 수 있는 다양한 시각적 · 생태적 정보를 되도록 충실하게 수록하고자 노력하였다.

3. 수목 사진은 이른 봄의 신엽으로 부터 꽃 · 녹음 · 열매 · 단풍 · 수피의 모양 등 가능한 많은 자료를 수록하여, 수목의 형태와 특징을 한눈에 쉽게 이해할 수 있도록 하였다.

4. 게재수종은 우리나라에서 조경수목으로 주로 쓰이고 있는 것을 중심으로 하여 150종을 선정하였으며 상록침엽교목 · 상록활엽교목 · 낙엽교목 · 상록관목 · 낙엽관목 · 만경류 및 기타 수목의 6가지 성상별로 분류하였으나, 편집의도상 생태적 특성 등이 유사한 수종을 함께 게재하여 정확한 분류는 어려웠으며 비고란에 게재된 수종까지 전부 포함하면 총 310여종에 이른다.

5. 속 · 과의 배열은 식물 분류체계에 따랐고, 속 · 과내의 수종별 순서는 지면관계나 편집의도에 따라 적절히 조정하였다.

6. 학명은 공통적으로 사용되는 명칭을 사용하되 명명자는 생략하였다.

7. 용어는 될수록 우리말을 많이 사용하였으며, 뒷부분에 “수목용어 도해 및 해설”을 덧붙여 정확한 이해를 돕고자 하였다.

8. 참고 · 인용한 문헌목록의 게재는 생략하고, **조경수목학**(1989, 한국조경학회) · **한국수목도감**(1967, 산림청임업연구원) · **조경용소재도감**(1977, 건설부) · **한국의 수목**(1994, 교학사) 등 국내외 서적을 참고 · 인용하였음을 밝혀둔다.

9. 이 책자는 전문가가 아닌 실무자가 편집 · 제작하였기에 부족한 점이 많은 상태로 발간하게 되었으며, 앞으로 계속 보완 · 발전시켜 나가야 할 것으로 생각한다.

10. 끝으로 사진 촬영을 허락하여 주시고 도와주신 홍릉 수목원 · 광릉 수목원 · 서울대 수목원 · 한라 수목원 · 도로공사 수목원 · 천리포 수목원 · 기청산 식물원 · 한택 식물원 · 미림 식물원 등의 관계자 여러분들에게 감사의 뜻을 전한다.

기재사항에 대하여

■ 수목의 형태·생태적 특성·배식대상지를 한눈에 볼 수 있도록 표로 요약하였고, 그 외 배식에 참고가 될 내용을 간략하게 서술하였으며, 전체 수형을 쉽게 파악 할 수 있도록 도형화하여 수종명 앞에 표기하였다.

■ **배식대상지**

· 단지입구 : 단지입구 및 그 주변공간으로 식별성과 입구감을 주는 식재가 필요한 구간
· 주요지점 : 단지내에서 가시성이 높아 초점식재가 필요한 구간
· 주거동 전면 : 발코니에 면하며 일조가 양호한 건물의 남측 녹지
· 주거동 주변 : 건물의 북측 및 측면을 포함한 녹지로 건물의 딱딱함을 완화할 수 있는 식재가 필요한 구간
· 주차장주변 : 도로 및 주차장 주변의 녹지
· 외곽녹지 : 단지외곽의 녹지
· 가로수 : 도시계획도로 및 단지내 도로의 가로수
· 절개지 : 땅깎기로 인하여 생기는 비탈면 중 식재가 가능한 구역

· ◎ : 식재에 가장 적합함
· ○ : 식재에 적합함
· △ : 식재가 가능함

■ **내한성**

· 강 : 우리나라 중부이북 지방에서도 추위로 인하여 생육에 지장을 받지 않음
· 중 : 우리나라 중부지방에서 추위로 인하여 잎 또는 줄기 일부에 피해를 받음
· 약 : 우리나라 중부지방에서는 추위로 인하여 고사하며 남부지방 이남에서만 생육이 가능함

식재지역 구분도

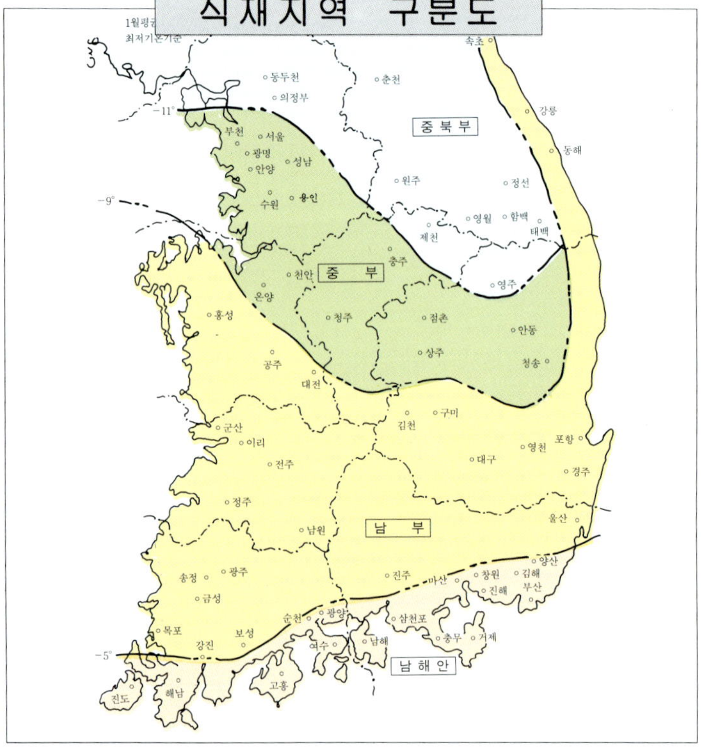

■ **음양성**

· 양 : 음지에서는 생육이 잘 안되지만 양지에서 생육이 잘 됨
· 중용 : 양지·음지에서도 보통으로 생육이 됨
· 음 : 양지에서는 생육이 잘 안되지만 음지에서 생육이 잘 됨

■ 수분

- 내건 : 건조지에서 잘 견딤
- 적윤지 : 적습한 경우 생육이 잘 됨
- 내습 : 습지의 경우에도 비교적 생육에 지장을 받지 않음
- 호습 : 습지상태를 좋아하여 습지에서만 생육이 잘 됨

■ 공해

- 강 : 잎에 공해로 인한 피해가 조금 있으나 생육에는 지장이 없음
- 중 : 잎에 공해로 인한 피해로 생육에 지장이 조금 있음
- 약 : 잎과 소지에 공해로 인한 심한 피해가 있거나 또는 고사함

■ 맹아력

- 강 : 가지를 잘라 주었을 때 맹아가 활발히 발생함
- 중 : 가지를 잘라 주었을 때 맹아가 보통으로 발생함
- 약 : 가지를 잘라 주었을 때 맹아가 별로 없으며 가지치기를 삼가는 것이 좋음

■ 이식

- 용이 : 이식후 가지의 고사현상이 별로 없음
- 보통 : 이식후 가지에 부분적인 고사현상이 일어나거나 수형이 조금 파괴되는 정도임
- 곤란 : 이식후 수목이 고사하거나 지상부의 고사현상이 심한 정도임

■ 내염

- 강 : 염해로 인한 잎과 기지의 고사현상이 별로 없음
- 중 : 염해로 인한 잎과 가지의 고사현상이 부분적으로 일어남
- 약 : 염해로 인하여 수목이 고사함

■ 토성

- 사토 : 사질양토 외 사토에서도 비교적 생육이 잘 됨
- 사질양토 : 사질양토에서만 생육이 잘 되며 그 외의 토성에서는 생육에 지장을 받음
- 점토 : 사질양토 외 점토에서도 비교적 생육이 잘 됨

■ 양분

- 비옥지 : 토양이 비교적 비옥한 곳에서만 생육이 잘 됨
- 보통토 : 토양이 다소 비옥하지 않더라도 생육이 잘 됨
- 척박지 : 토양이 척박한 곳에서도 생육이 잘 됨

차 례

4. 상록관목

5. 낙엽관목

6. 만경류 및 기타

부 록

1. 상록침엽교목

주 목

과 명 주목과
학 명 *Taxus cuspidata*
영 명 Japanese Yew

성 상 상록침엽교목
적 응 전국
원산지 한국 · 일본 · 만주

1-1

주목의 열매

수피

수꽃

둥글게 다듬어진 주목

다듬어진 주목의 수형

배식 참고사항

- 진한 녹색의 잎과 가을의 붉은 열매가 아름답다.
- 잎이 조밀하게 달려 형상수(Topiary)로 많이 쓰이며, 귀족적인 맛을 풍기나 생육이 늦다.
- 중심목 · 경관수 · 생울타리로 이용되며, 생장이 느리고 음지에서 잘 견디기 때문에 건물 주위에 식재한다.
- 작은 나무는 이식이 용이하나 큰 나무는 이식이 곤란하고 가을에 이식하면 한해의 피해가 있다.
- 소량으로 식재효과를 높일 수 있는 부위에 식재토록 한다.

비 고

- 눈주목(var. *nana*) : 주목과 비슷하나 키가 크지 않고, 줄기는 밑에서 여러개로 갈라진다. 용도는 주목과 비슷하나 생장이 더 늦고 옆으로 퍼지며, 줄기가 내부를 꽉 채우기 때문에 지표면을 피복하는데 많이 이용된다.

배식대상지		형태적특성		생태적특성			
단지입구	○	잎	선형	내한성	강	토성	사질양토
주요지점	◎		나선상 배열	음양성	음	양분	비옥지
주거동 전면	○	꽃	일가화	수분	적윤지	토양반응	
주거동 주변	○		단정화서	공해	중	내조성	
주차장 주변	△	열매	적색 컵모양	맹아력	강	성목 : 15m 근계 : 심근성 수형 : 원추형 →자연형	
외곽 녹지				이식	용이		
가로수		수피	적갈색	내염	강		
절개지		질감	곱다	생장	매우 느림		
색깔	꽃	갈색·녹색 3~4월	열매	적색 9~10월	잎	짙은 녹색	

잣나무

과 명 소나무과
학 명 *Pinus koraiensis*
영 명 Korean Pine

성 상 상록침엽교목
적 응 중부 이북
원산지 동아시아

1-2

잣나무의 수형

스트로브잣나무의 수피

잣나무의 수꽃

잣나무의 수피

스트로브잣나무의 수형

배식 참고사항

- 자연의 맛이 짙은 풍치목으로 단목보다는 군락에서 오는 웅장함이 좋다.
- 수형이 비교적 원추형에 가까워 독립수로도 이용 가능하며 전정하여 향나무와 같은 빽빽한 느낌을 줄 수 있다.
- 수피는 흑갈색으로 갈라지며, 심재가 연한 홍색으로 홍송이라고도 한다.
- 주로 중부 이북에 자생하며 따뜻한 지방과 도심에서의 식재는 좋은 수형을 얻기가 어렵고, 건조 및 조해에도 약하다.

비 고

- 스트로브잣나무(*P. strobus*) : 잣나무보다 잎이 가늘고, 열매가 길며 수피가 매끈하지만 늙으면 갈라지고 소지는 녹갈색이다. 소나무류 중 가장 공해에 강하여 도심지 조경에 적합하나, O_3(오존)와 SO_2(아황산가스) 등에 약하여 도심이나 공장조경에 이용할 때에는 주의를 해야 한다. 양수이나 음지에서도 잘 견딘다.

배식대상지		형태적특성		생태적특성			
단지입구	△	잎	침형	내한성	강	토성	사질양토
주요지점			오엽 속생	음양성	음→양	양분	비옥지
주거동 전면		꽃	일가화	수분	적윤지	토양반응	
주거동 주변	△		장란형	공해	중	내조성	약
주차장 주변	△	열매	구과	맹아력	중	성목 : 30m 근계 : 심근성 수형 : 원추형 →자연형	
외곽 녹지	◎		장란형	이식	용이		
가로수		수피	흑갈색, 갈라짐	내염	중		
절개지	○	질감	보통	생장	빠름		
색깔	꽃	녹황·담홍색 5~6월	열매	회갈색 10월	잎	짙은 녹색	

섬잣나무

과 명 소나무과
학 명 *Pinus parviflora*
영 명 Japanese White Pine

성 상 상록침엽교목
적 응 전국
원산지 울릉도 · 일본

섬잣나무의 수형

수꽃

열매

암꽃

배식 참고사항

- 잣나무보다 잎과 가지가 더 빽빽하고 절간이 좁아 짜임새 있는 미를 갖고 있다.
- 수형이 어릴때는 원추형이나 자연형으로 변해간다.
- 어릴 때의 수형이 더욱 아름답고 생육이 더디기 때문에 좁은 공간에 독립수로 식재한다.
- 독립수 · 기념수로 이용하며, 겨울철 조경 효과를 위해 건물 주변에 군식하기도 한다.
- 내염성이 있어 섬에서 자라나 해풍에 약하여 바닷가에서 생장이 불량하다.
- 적습지를 좋아하나 건조에도 견딘다.
- 뿌리는 직근이 발달하니 굵은 측근도 있고 세근이 많이 발달하므로 이식이 잘되는 편이다.

배식대상지		형태적특성		생태적특성			
단지입구	○	잎	침형 오엽 속생	내한성	강	토성	사질양토
주요지점	○			음양성	중용	양분	비옥지
주거동 전면	○	꽃	일가화 타원형	수분	적윤지	토양반응	
주거동 주변	◎			공해	중	내조성	약
주차장 주변	○	열매	구과 장란형	맹아력	중	성목 : 30m 근계 : 직근 발달 수형 : 원추형 →자연형	
외곽 녹지	△			이식	용이		
가로수		수피	회색	내염	강		
절개지		질감	고움	생장	느림		
색깔	꽃	자적색 5~6월	열매	황갈색 9월	잎	뒷면에 백색선	

소나무(육송, 적송)

과 명 소나무과
학 명 *Pinus densiflora*
영 명 Japanese Red Pine

성 상 상록침엽교목
적 응 전국
원산지 한국 · 일본 · 중국

1-4

소나무의 수형

반송의 수형

소나무의 암꽃

소나무의 미성숙 수꽃

백송의 수형

배식 참고사항

- 수형이 그림같은 자연미를 지녀 독립수로 이용하거나 군식하여 자연풍치적인 효과를 기대할 수 있다.
- 잎이 부드럽고 수피가 독특한 적갈색이며, 가지의 곡선이 아름답다.
- 각종 공해와 해충에 약하나 철저한 관리를 하면 도시에서도 생육이 좋고, 근래에는 이식 기술의 발전으로 활착률도 높다.

비 고

- 반송('Multicaulis') : 수형이 정형적이며 줄기가 밑부분에서 갈라지는 특성을 지녀 주로 독립수로 이용한다. 생활력이 소나무만큼 왕성하지 못하고 적윤지 토양에 적당하다.
- 백송(*P. bungeana*) : 침형으로 삼엽 속생하고, 어릴때 수피는 연한 녹색으로 매끈하며, 성목이 되면 수피가 희고 큰 비늘조각으로 떨어진다. 이식할 때 구덩이에 석회를 넣고 식재하면 좋다.

배식대상지		형태적특성		생태적특성			
단지입구	○	잎	침형 이엽 속생	내한성	강	토성	사질양토 점토
주요지점	◎			음양성	극양	양분	척박지
주거동 전면	△	꽃	일가화 · 이가화 암꽃은 난형 수꽃은 타원형	수분	내건	토양반응	
주거동 주변	△			공해	약	내조성	
주차장 주변	○	열매	구과 난형	맹아력	강	성목 : 30m 근계 : 직근성 수형 : 원추형·원정형	
외곽 녹지	△			이식	곤란		
가로수		수피	적갈색	내염	중		
절개지	△	질감	고움	생장	느림		
색깔	꽃	자색 · 황색 4~5월	열매	황갈색 9월	잎	녹색	

곰솔(해송, 흑송)

과 명 소나무과
학 명 *Pinus thunbergiana*
영 명 Japanese Black Pine

성 상 상록침엽교목
적 응 남부 이남
원산지 한국 · 일본 · 중국

1-5

곰솔의 수형

수꽃

열매

배식 참고사항

- 우리나라에는 해안지방에서 많이 자생하고 있으며, 씩씩하고 기개가 있어 곰솔이란 이름을 갖고 있다.
- 해풍에 잘 견디며, 사질양토에서 생육이 양호하기 때문에 해안의 조경용으로 적당하고, 해안사방림 · 풍치림으로 사용하면 좋다.
- 성목이 되기전에는 일정한 수형을 이루지 않고, 자라면서 원추형이 된다.
- 생육지역은 해안을 따라 육지로 4km 정도까지 자라고, 서쪽은 경기도 남양, 동쪽은 강원도 울진까지 분포하며 중부내륙 지방에서는 생육이 좋지 않다.

비 고

- 수피와 동아가 적갈색인 소나무와는 달리 수피가 흑갈색, 동아는 흰색이다.

배식대상지		형태적특성		생태적특성			
단지입구	△	잎	침형 이엽 속생	내한성	중	토성	사질양토 점토
주요지점				음양성	중용	양분	척박지
주거동 전면		꽃	일가화 원통형	수분	내건	토양반응	
주거동 주변	△			공해	강	내조성	강
주차장 주변	△	열매	구과 장타원형	맹아력	강	성목 : 30m 근계 : 심근성 수형 : 원추형	
외곽 녹지	◎			이식	용이		
가로수		수피	흑갈색, 갈라짐	내염	강		
절개지	○	질감	보통	생장	빠름		
색깔	꽃	적자색 5~6월	열매	녹갈색 9월	잎	짙은 녹색	

독일가문비

과 명 소나무과
학 명 *Picea abies*
영 명 Norway Spruce

성 상 상록침엽교목
적 응 전국
원산지 북부 · 중부유럽 1-6

독일가문비의 수형

신엽

암꽃과 수꽃

배식 참고사항

- 수형이 원추형으로 단정하여 독립수 · 기념수로 사용되고, 주로 대단위 조경용으로 이용되며, 도심에서는 생육이 불량하다.
- 잔가지가 밑으로 처지며, 내부가 빽빽히 차있기 때문에 차폐용으로 많이 이용되지만 밀식하거나 음지에 식재할 때에는 아래가지가 탈락되기 쉽다.
- 큰 나무를 이식하면 수형이 나빠지므로 2~3m 이상의 나무는 이식을 삼가하는 것이 좋다.
- 바람이 잘 통하지 않는 곳에서는 가지가 말라 죽을 우려가 있다.

비 고

- 잎의 횡단면이 능형으로 두드러진 것이 특징이다.
- 가지는 길게 옆으로 퍼지고, 소지는 밑으로 처진다.

배식대상지		형태적특성		생태적특성			
단지입구	△	잎	침형 횡단면이 능형	내한성	강	토성	사질양토
주요지점	○			음양성	음→양	양분	비옥지
주거동 전면		꽃	일가화 암꽃은 장타원형 수꽃은 원주형	수분	적윤지	토양반응	
주거동 주변	○			공해	중	내조성	
주차장 주변	△	열매	구과 장원주형	맹아력	중	성목 : 50m 근계 : 천근성 수형 : 원추형	
외곽 녹지	◎			이식	용이		
가로수		수피	갈색, 회색	내염	중		
절개지	△	질감	보통	생장	느림→빠름		
색깔	꽃	자적 · 자홍색 4~5월	열매	담갈색 10월	잎	짙은 녹색	

젓나무(전나무)

과 명 소나무과
학 명 *Abies holophylla*
영 명 Needle Fir

성 상 상록침엽교목
적 응 전국
원산지 한국

젓나무의 수형

젓나무의 수꽃

구상나무

배식 참고사항

- 우리나라 고유수종으로 수형이 아름답고 품위가 있어 독립수로 식재하여 감상할 수 있고, 공원 등에 군식하여 고산의 자연미를 나타낼 수 있다.
- 서늘하고 다습한 고산지대에서 생육하기 때문에 고온건조한 기후에서는 생육이 불량하고, 특히 공해에 약하여 도심에서의 이용은 부적당하다.
- 어려서는 강한 그늘에서도 잘 자라며, 7~8년 까지는 매우 느리게 자라지만 그 이상이 되면 생장 속도가 빨라진다.

비 고

- 구상나무(*Abies koreana*) : 우리나라의 특산 수종으로 높은 산에서 자라는 고산수종이다. 잔가지와 구과가 아름답고, 피라밋형 수형의 균형이 잘 잡혀 있다. 잎에 결각이 있고, 뒷면에 흰빛이 돈다.

배식대상지		형태적특성		생태적특성			
단지입구	△	잎	선형 뒷면에 백색 기공조선	내한성	강	토성	사질양토
주요지점	○			음양성	음→양	양분	비옥지
주거동 전면		꽃	일가화 암꽃은 장타원형 수꽃은 원통형	수분	적윤지-내습	토양반응	
주거동 주변	○			공해	극약	내조성	
주차장 주변	△	열매	구과 난형·원통형	맹아력	중	성목 : 30m 근계 : 심근성 수형 : 원추형 →원정형	
외곽 녹지	◎			이식	보통		
가로수		수피	회갈색	내염	약		
절개지	△	질감	보통	생장	느림→빠름		
색깔	꽃	황록색 4~5월	열매	담갈색 9월	잎	짙은 녹색	

개잎갈나무(히말라야시다)

과 명 소나무과
학 명 *Cedrus deodara*
영 명 Himalaya Cedar

성 상 상록침엽교목
적 응 천안 이남
원산지 히말라야지역

1-8

개잎갈나무의 수형

수꽃

신록과 열매

배식 참고사항

- 수관이 웅장하고 수관선이 포물선처럼 처진 것이 극히 정형적인 미를 이룬다.
- 몇 그루가 군식되었을 때, 또는 열식되었을 때 고귀한 품위를 보여준다.
- 천안이남에서 월동이 가능하며 따뜻하고 토심이 깊은 비옥적윤한 토양에서 생장이 양호하며, 내건성이 약하고 답압을 싫어한다.
- 독립수로 이용하고 군식하여 사폐용으로도 이용한다.
- 양수이며 생육속도가 빨라 양지바르고 넓은 장소에 식재해야 한다.
- 우리나라 남부에서 가로수로 이용되고 있으나 겨울철 그늘로 인해 빙판을 만들 수 있으므로 이용시 주의하여야 한다.

배식대상지		형태적특성		생태적특성			
단지입구	△	잎	침형 30매 정도 총생	내한성	중	토성	사질양토
주요지점	○			음양성	중용	양분	비옥지
주거동 전면		꽃	일가화 암꽃은 난형 수꽃은 원주형	수분	적윤지	토양반응	
주거동 주변	△			공해	강	내조성	약
주차장 주변	△	열매	구과 타원형	맹아력	강	성목 : 50m 근계 : 천근성 수형 : 원추형	
외곽 녹지	◎			이식	용이		
가로수	△	수피	회갈색	내염	강		
절개지	△	질감	고움	생장	빠름		
색깔	꽃	자색 10~11월	열매	적갈색 10월	잎	흰빛도는 녹색	

측백나무

과 명 측백나무과
학 명 *Thuja orientalis*
영 명 Oriental Arborvitae

성 상 상록침엽교목
적 응 전국
원산지 한국 · 만주

측백나무 노목의 수형

황금측백의 수형

측백나무의 수꽃

측백나무의 열매

황금측백의 암꽃

배식 참고사항

- 한국특산으로 충북단양, 대구의 석회암지대에서 회양목과 같이 자생한다.
- 키가 크게되면 줄기의 미가 나타나며 열식 · 군식의 아름다움이 좋다.
- 남쪽지방에서는 깨끗하고 싱싱한 맛을 보이고, 어릴 때는 수형이 원추형이나 적고병 때문에 하부의 잎이 고사하는 등 커가면서 점차 수형이 흐트러진다.
- 맹아력이 강하고 생장이 신속하며 잎이 치밀하여 경계식재 · 생울타리 · 차폐식재로 사용하면 좋다.
- 서양측백에 비하여 수분을 적게 요구한다.

비 고

- 둥근측백('Sieboldii') : 밑에서 많은 가지가 나와 작고 둥글게 자란다.
- 황금측백('Aurea Nana') : 황금색의 잎을 가지며 난장이형이다.

배식대상지		형태적특성		생태적특성			
단지입구	△	잎	인편엽	내한성	강	토성	사질양토 양토
주요지점	△		잎끝이 뾰족	음양성	양	양분	보통토
주거동 전면		꽃	일가화	수분	적윤지	토양반응	
주거동 주변	○		암꽃은 구형 수꽃은 난형	공해	중	내조성	
주차장 주변	△	열매	구과	맹아력	강	성목 : 10m 근계 : 천근성 수형 : 원추형	
외곽 녹지	◎		난원형 8개의 실편	이식	용이		
가로수		수피	회갈색	내염	중		
절개지	△	질감	보통	생장	빠름		
색깔	꽃	담자갈색 4월	열매	회갈색 9월	잎	약간의 백색점	

상록침엽교목

서양측백

과 명 측백나무과
학 명 *Thuja occidentalis*
영 명 Eastern Arborvitae

성 상 상록침엽교목
적 응 중부 이남
원산지 미국

1-10

서양측백의 수형

수꽃

열매

배식 참고사항

- 수형이 전정하지 않아도 피라밋 모양으로 단정하게 자라고, 잎의 녹색이 깨끗하며, 수관이 길고 빽빽하여 아름답다.
- 잎의 표면은 연한 녹색이고 뒷면은 황록색으로 잎을 비비면 좋은 향기가 난다.
- 중부 이남에서 식재하고 있으며, 겨울철 바람이 직접 들이치는 곳에는 식재를 피하는 것이 좋다.
- 토양공극 및 수분이 풍족하여야 잘 자라며, 그렇지 못한 경우에는 부분적으로 가지가 고사하는 현상이 나타난다.
- 독립수 · 요점식재 · 생울타리 · 차폐용 등으로 적합하다.
- 성목은 이식이 잘 안되므로 주의를 요한다.

배식대상지		형태적특성		생태적특성			
단지입구	△	잎	인편엽 잎끝이 뾰족	내한성	강	토성	사질양토
주요지점	△			음양성	양	양분	비옥지
주거동 전면	△	꽃	일가화 암꽃은 난형 수꽃은 구형	수분	적윤지	토양반응	
주거동 주변	◎			공해	강	내조성	
주차장 주변	△	열매	구과 난형, 장타원형	맹아력	강	성목 : 20m 근계 : 천근성 수형 : 원추형	
외곽 녹지	○			이식	보통		
가로수		수피	흑갈색	내염	중		
절개지		질감	고움	생장	빠름		
색깔	꽃	담갈색 4월	열매	황갈색 9월	잎	연한 녹색	

편백

과 명 측백나무과
학 명 *Chamaecyparis obtusa*
영 명 Japanese Cypress

성 상 상록침엽교목
적 응 중부 이남
원산지 일본

편백의 수형

편백의 수꽃

황금편백의 수형

배식 참고사항

- 수형은 원추형으로 아름다우나, 오래된 것은 아래가지가 죽는 단점이 있다.
- 비늘같은 잎과 외관상의 질감 및 조각으로 찢기는 적갈색의 수피가 아름답다.
- 제주도 및 남해안 지방에서 방풍림·조림수종으로 식재하고 있고, 잎이 짙은 녹색으로 치밀하고 질감이 좋기 때문에 조경수로도 다양하게 사용된다.
- 독립수로도 이용되고 진입로에 열식하거나 생울타리로 사용하여도 좋다.
- 내한성이 약하여 중부지방 적응이 어려우며, 식재시 북풍에 유의해야 한다.

비 고

- 잎이 Y자로 붙는다.
- 황금편백('Nana Aurea') : 황금색의 잎을 가지며 난장이형이다.

배식대상지		형태적특성		생태적특성			
단지입구	△	잎	인엽 잎끝이 둔함	내한성	중	토성	사질양토
주요지점	△			음양성	음	양분	비옥지
주거동 전면		꽃	일가화 암꽃은 난형 수꽃은 구형	수 분	적윤지	토양반응	
주거동 주변	○			공 해	중	내조성	
주차장 주변	△	열매	구과 구형 8개의 실편	맹아력	강	성목 : 40m 근계 : 수형 : 원추형	
외곽 녹지	◎			이 식	용이		
가 로 수		수피	적갈색 세로로 찢어짐	내 염	약		
절 개 지		질감	고움	생 장	빠름		
색 깔	꽃	황색 4월	열매	갈색 9~10월	잎	뒷면에 백색점	

화 백

과 명 측백나무과
학 명 *Chamaecyparis pisifera*
영 명 Sawara Cypress

성 상 상록침엽교목
적 응 전국
원산지 일본

1-12

화백의 수형

미성숙 열매

실화백의 수형

배식대상지		형태적특성		생태적특성			
단지입구	△	잎	인엽 잎끝이 예리함	내한성	강	토성	사질양토
주요지점	△			음양성	음	양분	보통토
주거동 전면		꽃	일가화 암꽃은 난형 수꽃은 구형	수분	내건-적윤지	토양반응	
주거동 주변	○			공해	중	내조성	
주차장 주변	△	열매	구과 구형 표면은 5~6각형	맹아력	강	성목 : 30m 근계 : 천근성 수형 : 원추형	
외곽 녹지	◎			이식	용이		
가로수		수피	회갈색	내염	중		
절개지	○	질감	보통	생장	빠름		
색깔	꽃	황색 4월	열매	갈색 9월	잎	뒷면에 흰빛	

배식 참고사항

- 수형은 가지가 수평으로 퍼지고 줄기가 곧은 원추형이다.
- 따뜻한 지역에서 좋은 생장을 보이고, 습지에서 잘자라며 내음성과 내건성이 높다.
- 맹아력이 좋아 전정을 하여 각종 수형을 만드는데 용이하다.
- 아황산가스나 일산화탄소에 대한 저항력이 강하다.

비 고

- 편백과 닮았으며 용도 또한 거의 유사하다. 품종이 많이 개발되어 있고, 편백보다 앞뒤의 흰빛이 더 많으며 잎이 V자형으로 붙는다.
- 실화백('Filifera') : 잎이 작고 끝이 뾰족하며 가지가 밑으로 처지고 특히, 부드러운 질감을 지녀 강조효과를 내는데 적합하다. 키가 크고 줄기가 굵어야 나무의 진가가 나타나고 물가에 심으면 더욱 부드러운 맛을 준다.

향나무

과 명 측백나무과
학 명 *Juniperus chinenesis*
영 명 Chinese Juniper

성 상 상록침엽교목
적 응 전국
원산지 한국 · 중국 · 일본

1-13

향나무의 수형

암꽃과 미성숙 열매

잘 다듬어진 가이즈까 향나무 노목의 수형

배식 참고사항

- 극양수로 음지에서는 생장이 불량하나 비옥적윤한 곳에서는 생장이 빠르고 각종 공해에 견디는 힘이 강하다.
- 우리나라 곳곳에 너무 남용하고 있는데 장소를 고려하여 식재해야 하며, 특히 배나무류 적성병의 중간기주가 되므로 주의하여야 한다.
- 정형적인 공간에 독립수로 적합하며 열식하여 차폐나 생울타리로 이용하고, 모양을 다듬어서 형상수(Topiary)로도 사용한다.

비 고

- 가이즈까향나무(var. *kaizuka*) : 침엽이 없고 인엽만 있는 변종으로 측지가 나선상으로 뒤틀려 있으며, 작은 가지가 예각으로 달린다. 일광을 좋아하고 반사열에도 견딘다.

배식대상지		형태적특성		생태적특성			
단지입구	△	잎	침엽 7~8년생부터 인엽이 생김	내한성	강	토성	사질양토
주요지점	○			음양성	양	양분	보통토
주거동 전면	△	꽃	이가화 암꽃은 구형 수꽃은 타원형	수분	내건	토양반응	
주거동 주변	○			공해	강	내조성	
주차장 주변	○	열매	구과 구형	맹아력	강	성목 : 20m 근계 : 수형 : 원추형	
외곽 녹지				이식	용이		
가로수		수피	흑갈색, 세로로 찢어짐	내염	중		
절개지		질감	보통	생장	빠름		

색깔	꽃	황색·자갈색 4월	열매	자흑색 10월	잎	짙은 녹색

상록침엽교목

2. 상록활엽교목

가시나무

과 명 참나무과
학 명 *Quercus myrsinaefolia*
영 명 Chinese Evergreen Oak

성 상 상록활엽교목
적 응 남해안 · 제주도
원산지 한국 · 중국 · 일본

가시나무의 수형

가시나무의 잎

붉가시나무의 꽃

종가시 나무의 열매

졸가시나무의 잎

배식 참고사항

- 난대림의 대표적인 수종으로 웅대한 수형이 특징이고, 잎이 수양버들같이 좁고 길며 상록성이다.
- 전정에 강하여 키가 큰 생울타리로 키울수 있고, 녹음수로도 이용가능하며 해안지방의 수림조성 · 방풍수 · 방화수 등으로 이용할 수 있다.

비 고

- 붉가시나무(*Q.acuta*) : 상록으로 잎의 거치와 광택이 거의 없고 잎 뒤는 황록색이고 남쪽섬에 분포한다.
- 종가시나무(*Q.glauca*) : 상록으로 잎의 상반부에 5개 가량의 거치가 있다. 잎표면에 광택이 있으며 뒷면은 회색이고 제주도에 분포한다.
- 졸가시나무(*Q.phylliraeoides*) : 상록으로 잎이 장타원형이고 혁질이며 거치가 있다. 가시나무류 중에서 가장 잎이 작다.

배식대상지		형태적특성		생태적·특성			
단지입구	△	잎	호생 피침형 거치 · 광택	내한성	중	토성	사질양토 점토
주요지점	△			음양성	중용	양분	보통토
주거동 전면	△	꽃	일가화	수분	내건－적윤지	토양반응	
주거동 주변	○			공해	강	내조성	강
주차장 주변	○	열매	견과 타원형	맹아력	중	성목 : 15m 근계 : 심근성 수형 : 원정형	
외곽 녹지	○			이식	곤란		
가로수	○	수피	흑갈색	내염	강		
절개지	△	질감	보통	생장	빠름		
색깔	꽃	4~5월	열매	10월	잎	뒷면은 백색	

태산목

과 명 목련과
학 명 *Magnolia grandiflora*
영 명 Evergreen Magnolia

성 상 상록활엽교목
적 응 전남 · 경남 이남
원산지 북미

2-2

태산목의 수형

꽃

열매

배식 참고사항

- 우리나라에서 자라는 목련류 중 유일한 상록성으로 남부 지방에서만 생육이 가능하다.
- 여름철 잎 사이에서 가지 끝에 백색의 큰 꽃이 피어 대단히 아름답고, 강한 향기도 있으나 개화기간이 짧다.
- 잎 표면에 광택이 있으며 잎이 크기 때문에 다소 거친 질감효과를 나타낸다.
- 전남 · 경남지방에서 무난히 생육한다.
- 양수로서 생장이 빠르고 수관이 옆으로 퍼져서 웅장하게 자란다.
- 이식시기는 5월이 가장 좋고 6월도 무난하며, 이식이 곤란하므로 어린나무라도 뿌리돌림을 완전히 하고 적기에 옮겨야 한다.
- 녹음수 · 경관수로 적합하며 기념수로도 이용한다.

배식대상지		형태적특성		생태적특성			
단지입구	○	잎	호생 장타원형 혁질 · 광택	내한성	중	토성	사질양토
주요지점	◎			음양성	중용	양분	비옥지
주거동 전면	△	꽃	꽃잎 9~12개	수분	적윤지	토양반응	
주거동 주변	○			공해	중	내조성	
주차장 주변	○	열매	골돌 타원형	맹아력	약	성목 : 20m 근계 : 심근성 수형 : 원정형	
외곽 녹지	△			이식	곤란		
가로수	△	수피	회갈색	내염	강		
절개지		질감	보통	생장	빠름		
색깔	꽃	백색 5~6월	열매	녹백색 9~10월	잎	뒷면은 다갈색	

후박나무

과 명 녹나무과
학 명 *Persea thunbergii*
영 명 Machilus

성 상 상록활엽교목
적 응 남해안 · 울릉도
원산지 한국 · 중국 · 일본

후박나무의 수형

녹나무(신엽)

꽃

열매

신엽

배식 참고사항

- 제주도에 많이 자생하고 있으며, 울릉도에 큰 후박나무가 있지만 흔하지 않은 수종이다.
- 잎에 광택이 있고 수형이 아름다우며, 수피의 향기도 좋고 열매 또한 흑자색으로 아름답다.
- 전정에 강하여 생울타리용으로 이용하고, 해풍에 강하여 방풍수로도 이용하며, 독립수로 식재하여 늠름한 수형을 감상할 수 있다.
- 공해에 강하고 내화력도 크다.

비 고

- 녹나무(*Cinnamomum camphora*) : 제주도에서 자라는 상록활엽교목으로 생육속도가 매우 빨라 녹음수 · 독립수 · 차폐식재용으로 쓰인다.

배식대상지		형태적특성		생태적특성			
단지입구	○	잎	호생 난상타원형 혁질 광택	내한성	중	토성	사질양토 점토
주요지점	◎			음양성	중용	양분	보통토
주거동 전면	△	꽃	양성화 원추화서	수분	적윤지	토양반응	
주거동 주변	○			공해	중	내조성	강
주차장 주변	○	열매	장과 구형	맹아력	중	성목 : 20m 근계 : 심근성 수형 : 원정형	
외곽 녹지	○			이식	용이		
가로수	△	수피	녹갈색	내염	강		
절개지		질감	고움	생장	빠름		
색깔	꽃	황록색 5~6월	열매	흑자색 8월	잎	뒷면은 회록색	

먼나무

과 명 감탕나무과
학 명 *Ilex rotunda*
영 명 Kurogane Holly

성 상 상록활엽교목
적 응 남해안 · 제주도
원산지 한국 · 중국

2-4

먼나무 노목의 수형

열매

감탕나무

배식 참고사항

- 제주도 서귀포에서 자생하며, 잎이 특이하고 열매가 매우 아름다운 수종이다.
- 9월에 붉게 익어서 이듬해 5월까지 달려있는 열매는 겨울을 지내면서 더 진하게 변하고, 광택이 있어 나무 전체가 붉은 꽃나무 같이 보이며, 새의 먹이가 된다.
- 이식력이 약하여 이식하면 낙엽이 지고 이듬해에 새싹이 나온다.
- 양지·음지에서 모두 잘 자라나 건조에 약하다.
- 경관수 · 녹음수 등으로 식재하고, 열매를 위해서는 암나무를 심어야 하며, 바닷가나 도심지에도 식재할 수 있다.

비 고

- 감탕나무(*I. integra*) : 남부 지방 이하에서만 생육하며 두터운 잎과 붉은 열매가 매혹적이다. 수림하에 식재하고, 특히 조해 · 공해에 강하여 해안지역과 공단지역에 심을 수 있고, 차폐식재용으로도 가능하며 단식 · 군식한다.

배식대상지		형태적특성		생태적특성			
단지입구	○	잎	호생 타원형 혁질	내한성	약	토성	사질양토
주요지점	◎			음양성	양	양분	비옥지
주거동 전면	△	꽃	이가화 취산화서	수분	적윤지	토양반응	
주거동 주변	○			공해	중	내조성	강
주차장 주변	○	열매	구과 구형	맹아력	중	성목 : 10m 근계 : 수형 : 원정형	
외곽 녹지	○			이식	보통		
가로수	△	수피	녹갈색	내염	강		
절개지		질감	고움	생장	느림		
색깔	꽃	담자색 5~6월	열매	적색 9~5월	잎		

동백나무

과 명 차나무과
학 명 *Camellia japonica*
영 명 Japanese Camellia

성 상 상록활엽교목
적 응 남부 이남
원산지 한국 · 중국 · 일본

2-5

동백나무의 꽃

다듬어진 생울타리(올동백)

원예종

열매

수형

배식 참고사항

- 우리나라 난대림의 대표적인 수종으로 바닷가에서 잘 생육한다.
- 12월에서 3월 사이에 주로 붉은색으로 피는 꽃은 광택이 있는 상록의 잎과 회백색의 수피와 함께 겨울의 아름다움을 더해준다.
- 흑자색으로 익는 열매도 관상가치가 있다.
- 내음성 · 전정 · 조해 · 공해에 강하여 적응이 잘되는 편이나 생장이 더디다.
- 생울타리 · 가로수로도 쓰이며, 배식은 단식 · 군식 · 혼식을 해도 좋다.
- 흰색 꽃도 있으며 원예종의 출현으로 꽃색이 다양하다.

비 고

- 잎의 뒷면은 황록색이며 갈색의 점이 조밀하게 밀집되어 있다.
- 애기동백(산다화;*C. sasanqua*) : 동백나무보다 잎이 작고 좁으며 잎 뒷면의 맥위에 털이 있다.

배식대상지		형태적특성		생태적특성			
단지입구	○	잎	호생 타원형 거치 혁질 · 광택	내한성	약	토성	사질양토
주요지점	◎			음양성	중용	양분	비옥지
주거동 전면	△	꽃	양성화 1개씩 액생 또는 정생	수분	적윤지 -내건	토양반응	산성토양
주거동 주변	○			공해	중	내조성	강
주차장 주변	○	열매	삭과 구형	맹아력	중	성목 : 15m 근계 : 직근성 수형 : 원형	
외곽 녹지	○			이식	보통		
가로수	△	수피	홍갈색	내염	강		
절개지		질감	고움	생장	느림		
색깔	꽃	적색 11~5월	열매	흑자색 9~10월	잎	뒷면은 황록색	

아왜나무

과 명 인동과
학 명 *Viburnum awabuki*
영 명 Japanese Coral Tree

성 상 상록활엽교목
적 응 남부 이남
원산지 한국 · 중국 · 일본 2-6

아왜나무의 열매

꽃

단풍

수형

배식 참고사항

- 두껍고 윤기나는 잎, 붉은 엽병, 가을에 붉은 색 또는 주황색으로 익기 시작하여 검게 결실하는 열매가 매우 아름답다.
- 방화효과가 커서 도시나 공장지대 및 산림지대의 가장자리에 열식하는 경우가 많다.
- 남부지방 이하에서 생육이 가능하고, 조해에 특히 강하여 바닷가에 방풍림으로 식재한다.
- 사철 상록으로 공간의 구획을 위한 경계식재나 병목식재의 효과가 크고, 차폐용으로 군식하여도 좋다.
- 이식은 4~6월이 적기이며 7~9월에도 가능하고, 이식후 몸살을 하므로 큰 나무는 뿌리돌림을 하고 강전정을 하여 이식해야 한다.

배식대상지		형태적특성		생태적특성			
단지입구	○	잎	대생 타원형·도피침형 광택	내한성	중	토성	사질양토 점토
주요지점	○			음양성	음	양분	비옥지
주거동 전면	△	꽃	원추화서	수분	적윤지	토양반응	
주거동 주변	○			공해	강	내조성	강
주차장 주변	○	열매	핵과 타원형	맹아력	중	성목 : 10m 근계 : 수형 : 난형	
외곽 녹지	○			이식	용이		
가로수		수피	흑갈색	내염	강		
절개지		질감	보통	생장	빠름		
색깔	꽃	백색 6월	열매	적색→흑색 9월	잎		

상록활엽교목

굴거리나무

과 명 대극과
학 명 *Daphniphyllum macropodum*
영 명 Sloumi

성 상 상록활엽교목
적 응 남부 이남
원산지 한국 · 일본

2-7

굴거리나무의 미성숙화

신엽

열매

좀굴거리나무의 잎과 미성숙 열매

수형

배식 참고사항

- 두텁고 밝은 녹색의 윤생하는 잎이 남국적인 분위기를 주며, 기온이 낮아지면서 붉어지는 엽병 또한 아름답다.
- 자연스런 수형이 아름답고 질감이 고와서 경관수 · 녹음수 · 기념수 등으로 식재하고, 건물 주변에도 잘 어울린다.
- 가로수 · 방화수로도 이용하고 군식의 효과도 크다.
- 건조한 곳을 싫어한다.
- 이식은 6~7월과 9월이 적기이다. 직근성이며 뿌리가 거칠고 맹아력이 거의 없어 전정을 하면 나무가 쇠약해지기 쉬우므로 자연수형으로 키워야 한다.

비 고

- 좀굴거리나무(*D. glaucescens*) : 잎의 길이가 10cm 이하(굴거리나무 잎은 12~20cm)이고, 잎의 뒷면이 회록색이며, 엽맥 사이의 거리가 짧다.

배식대상지		형태적특성		생태적특성			
단지입구	○	잎	호생·가지 끝에 윤생 장타원형 혁질 · 광택	내한성	중	토성	사질양토
주요지점	○			음양성	음	양분	비옥지
주거동 전면	◎	꽃	일가화 총상화서	수분	적윤지	토양반응	
주거동 주변	○			공해	강	내조성	강
주차장 주변	○	열매	핵과 장타원형	맹아력	약	성목 : 10m 근계 : 직근성 수형 : 원형 →자연형	
외곽녹지	○			이식	보통		
가로수		수피	녹갈색	내염	중		
절개지		질감	고움	생장	보통		
색깔	꽃	황녹색 4~5월	열매	암벽색 10~11월	잎	뒷면은 회백색	

3. 낙엽교목

3-1 은행나무
3-2 낙우송
3-3 호두나무
3-4 자작나무
3-5 서어나무
3-6 밤나무
3-7 상수리나무
3-8 참느릅나무
3-9 느티나무
3-10 팽나무
3-11 계수나무
3-12 목련
3-13 백목련
3-14 일본목련
3-15 튤립나무
3-16 양버즘나무
3-17 모과나무
3-18 산사나무
3-19 귀룽나무
3-20 꽃사과
3-21 왕벚나무
3-22 살구나무
3-23 자두나무
3-24 매실나무
3-25 복숭아나무
3-26 배나무
3-27 팥배나무
3-28 마가목
3-29 자귀나무
3-30 아까시나무
3-31 회화나무
3-32 쉬나무
3-33 가중나무
3-34 붉나무
3-35 참빗살나무
3-36 중국단풍
3-37 신나무
3-38 단풍나무
3-39 네군도단풍
3-40 복자기
3-41 은단풍
3-42 칠엽수
3-43 피나무
3-44 벽오동
3-45 노각나무
3-46 위성류
3-47 석류나무
3-48 배롱나무
3-49 층층나무
3-50 말채나무
3-51 산딸나무
3-52 산수유
3-53 감나무
3-54 때죽나무
3-55 쪽동백
3-56 꽃개오동
3-57 모감주나무
3-58 대추나무
3-59 이팝나무

은행나무

과 명 은행나무과
학 명 *Ginkgo biloba*
영 명 Maiden Hair Tree

성 상 낙엽침엽교목
적 응 전국
원산지 중국동부

은행나무의 수형

수꽃

열매

배식 참고사항

- 제주도 및 해변을 제외한 전국에 분포한다.
- 가을의 노란 단풍이 매우 아름다우며 주로 가로수 · 녹음수 · 독립수로 이용되고 있다.
- 도심에서는 공해로 인하여 단풍이 곱게 들지 않으며, 줄기가 직선상으로 뻗어 건물의 딱딱한 선을 강조시키게 되므로 설계에 유의하여야 한다.
- 종자는 식용으로 사용하나, 열매의 냄새가 좋지 않으므로 가로수로 사용할 때는 숫나무를 선별하여 심어야 한다.
- 비옥한 양토에서는 성장이 비교적 빠르나, 특별히 땅을 가리지 않을 정도로 수세가 강하고, 병충해의 피해도 거의 없다.
- 이식은 용이하나 이식후 2~3년 동안은 생장이 늦다.
- 음지에서는 잘 자라지 못한다.

배식대상지		형태적특성		생태적특성			
단지입구	○	잎	호생 또는 총생 부채꼴	내한성	강	토성	사질양토
주요지점	○			음양성	양	양분	비옥지
주거동 전면		꽃	이가화 짧은 가지 끝에 달림	수분	적윤지-내습	토양반응	
주거동 주변	△			공해	강	내조성	약
주차장 주변	○	열매	핵과 구형	맹아력	약	성목 : 30m 근계 : 세근 발달 수형 : 원추형	
외곽 녹지	△			이식	용이		
가로수	◎	수피	회갈색	내염	약		
절개지	△	질감	보통	생장	느림		
색깔	꽃	황록색 4~5월	열매	황색 10월	단풍	황색	

낙우송

과 명 낙우송과
학 명 *Taxodium distichum*
영 명 Deciduous Cypress

성 상 낙엽침엽교목
적 응 전국
원산지 미국

3-2

낙우송의 수형

낙우송의 열매와 단풍

메타세쿼이아

배식 참고사항

- 가을이 되면 새의 깃털 같은 잎이 떨어지므로 낙우송이라 부른다.
- 수형이 원추형으로 균형잡혀 있으며, 외관상 다소 부드러운 질감과 적갈색을 띠는 수피가 아름답다.
- 천근성으로 측근의 발달이 왕성하고 오래되면 뿌리에서 기근이 나온다.
- 공원등 넓은 녹지에 독립수로 알맞으며 가로수용으로도 잠재력이 있고, 군식하거나 숲을 이루어도 좋다.
- 건조지에서는 생육이 불량하다.

비 고

- 메타세쿼이아(*Metasequoia glyptostroboides*) : 중국이 원산으로 원추형의 수형이 낙우송에 비해 더 곧추서며 잎이 대생이다. 살아있는 화석식물로 유명하며 눈이 움직이기 전에 이식하면 쉽게 착근이 되나, 뿌리가 마르지 않도록 식재후 관수에 유의하여야 한다.

배식대상지		형태적특성		생태적특성			
단지입구	△	잎	선형 우상복엽 호생	내한성	강	토성	사질양토
주요지점	○			음양성	양	양분	비옥지
주거동 전면		꽃	일가화 수꽃은 원추화서	수분	호습-내습	토양반응	
주거동 주변	○			공해	중	내조성	강
주차장 주변	△	열매	구과 구형	맹아력	약	성목 : 50m 근계 : 천근성 수형 : 원추형	
외곽 녹지	◎			이식	곤란		
가로수	○	수피	적갈색	내염	중		
절개지	○	질감	고움	생장	빠름		
색깔	꽃	자색 4~5월	열매	암갈색 9월	단풍	황갈색	

호두나무

과 명 가래나무과
학 명 *Juglans sinensis*
영 명 Chinese Walnut

성 상 낙엽활엽교목
적 응 경기도 이남
원산지 중국

호두나무의 수형

암꽃과 수꽃

열매(호도)

배식 참고사항

- 평택 · 원주 · 강릉을 연결하는 선의 이남지역인 온난한 곳에서 열매 생산을 위해 재배한다.
- 조경수목으로 많이 사용하지는 않지만 성목이 되면 녹음수가 될 수 있다.
- 수피는 회백색이고 밋밋하지만, 점차 길게 갈라진다.
- 양수로서 유묘시에는 많은 양의 광선이 필요하고, 비옥 적윤한 사질양토가 최적지이다.
- 개량종을 접목한 것은 수형이 작기 때문에 녹음수로 되기 어렵다.

비 고

- 가래나무(*J. mandshurica*) : 추운 지방에서는 생육이 왕성하나 따뜻한 곳에서는 생장이 불량하다. 잎이 기수우상복엽으로 소엽이 7~17개이다. 거목이 되면 녹음수로 이용될 수 있으나 가을의 단풍과 겨울의 나목은 볼품이 없다.

<table>
<tr><th colspan="2">배식대상지</th><th colspan="2">형태적특성</th><th colspan="4">생태적특성</th></tr>
<tr><td>단지입구</td><td>△</td><td rowspan="2">잎</td><td rowspan="2">기수우상복엽
소엽은 5~7개
타원형</td><td>내한성</td><td>강</td><td>토성</td><td>사질양토</td></tr>
<tr><td>주요지점</td><td></td><td>음양성</td><td>양</td><td>양분</td><td>비옥지</td></tr>
<tr><td>주거동 전면</td><td></td><td rowspan="2">꽃</td><td rowspan="2">일가화</td><td>수분</td><td>적윤지</td><td>토양반응</td><td></td></tr>
<tr><td>주거동 주변</td><td>○</td><td>공해</td><td>중</td><td>내조성</td><td></td></tr>
<tr><td>주차장 주변</td><td>△</td><td rowspan="2">열매</td><td rowspan="2">견과
구형</td><td>맹아력</td><td>중</td><td colspan="2" rowspan="5">성목 : 20m
근계 :
수형 : 원정형
→자연형</td></tr>
<tr><td>외곽 녹지</td><td>○</td><td>이식</td><td>보통</td></tr>
<tr><td>가로수</td><td></td><td>수피</td><td>회백색</td><td>내염</td><td>중</td></tr>
<tr><td>절개지</td><td></td><td>질감</td><td>거칠음</td><td>생장</td><td>빠름</td></tr>
<tr><td>색깔</td><td>꽃</td><td>황록색 4~5월</td><td>열매</td><td>담갈색 9월</td><td>단풍</td></tr>
</table>

자작나무

과 명 자작나무과
학 명 *Betula platyphylla* var. *japonica*
영 명 Birch

성 상 낙엽활엽교목
적 응 전국
원산지 한국

3-4

자작나무의 수형

암꽃과 수꽃

수피

배식 참고사항

- 흰 수피를 지녀 조경공간에 대비효과를 줄 수 있는 수목이다.
- 고산수종으로 여름과 겨울 또는 낮과 밤의 기온차이가 심한 기후에 적합하고 따뜻한 곳에서는 생장이 좋지 않다.
- 수피는 백색이며 수평으로 벗겨진다.
- 도시공해에 약하고 전지를 싫어하며, 관리유지가 까다롭다.
- 집단식재에 알맞고 도시의 가로수에는 부적당하다.
- 반사열을 싫어하므로 뿌리목 주변에 지피식물을 심어 보호하여야 한다.
- 토양습도는 낮아도 잘자라나 비옥도는 높은 곳을 좋아한다.
- 추위에는 강하나 충분한 햇빛을 좋아하는 극양수이며 바닷가에서는 잘 자라지 못한다.

배식대상지		형태적특성		생태적특성			
단지입구		잎	삼각상 난형 거치	내한성	강	토성	사질양토
주요지점	△			음양성	극양	양분	보통토
주거동 전면		꽃	일가화 유이화서	수분	적윤지	토양반응	
주거동 주변	○			공해	약	내조성	
주차장 주변	△	열매	견과 넓은 날개	맹아력	약	성목 : 20m 근계 : 수형 : 원추형	
외곽 녹지	◎			이식	곤란		
가로수		수피	백색	내염	약		
절개지	△	질감	고움	생장	빠름		
색깔	꽃	황색 4~5월	열매	갈색 10월	단풍	황색	

서어나무

과 명 자작나무과
학 명 *Carpinus laxiflora*
영 명 Laxiflora Hornbeam

성 상 낙엽활엽교목
적 응 강원도 · 황해도 이남
원산지 한국

서어나무의 단풍

소사나무의 수형

개서어나무의 암꽃과 수꽃

서어나무의 수형

서어나무의 신록

배식 참고사항

- 자연풍치림의 중요 구성목으로 야성미가 있고, 우리나라 온대림의 극상림을 이루는 우점종이다.
- 회백색의 울퉁불퉁한 줄기가 인상적이며 군식하면 서정적인 느낌을 준다.
- 엽맥의 배열이 규칙적이고, 잎이 처음에는 진분홍색 꽃처럼 돋아 녹색으로 된다.
- 군식하거나 참나무 등과 혼식하면 자연식생을 연상시켜 준다.
- 전정은 가급적 피하는 것이 좋다.

비 고

- 소사나무(*C. coreana*) : 가지의 패턴과 잎이 아름다워 분재용으로 많이 쓰이고 있는 수종이며 신록과 단풍도 아름답다. 맹아력이 강하고 내건성 · 내조성 · 내공해성이 좋아서 바닷가와 도심지에서의 생장도 양호하다.

<table>
<tr><th colspan="2">배식대상지</th><th colspan="2">형태적특성</th><th colspan="4">생태적특성</th></tr>
<tr><td>단지입구</td><td>△</td><td rowspan="2">잎</td><td rowspan="2">호생
타원형</td><td>내한성</td><td>강</td><td>토성</td><td>사질양토</td></tr>
<tr><td>주요지점</td><td></td><td>음양성</td><td>양</td><td>양분</td><td>척박지</td></tr>
<tr><td>주거동 전면</td><td></td><td rowspan="2">꽃</td><td rowspan="2">일가화
잎보다 먼저 핌</td><td>수분</td><td>적윤지
-내건</td><td>토양반응</td><td></td></tr>
<tr><td>주거동 주변</td><td>○</td><td>공해</td><td>약</td><td>내조성</td><td>강</td></tr>
<tr><td>주차장 주변</td><td>△</td><td rowspan="2">열매</td><td rowspan="2">소견과
3각상의 광란형</td><td>맹아력</td><td>약</td><td colspan="2" rowspan="4">성목 : 15m
근계 : 직근 발달
수형 : 원정형</td></tr>
<tr><td>외곽 녹지</td><td>◎</td><td>이식</td><td>용이</td></tr>
<tr><td>가로수</td><td></td><td>수피</td><td>회색</td><td>내염</td><td>중</td></tr>
<tr><td>절개지</td><td>○</td><td>질감</td><td>고움</td><td>생장</td><td>빠름</td></tr>
<tr><td>색깔</td><td>꽃</td><td>녹색·황갈색 4~5월</td><td>열매</td><td colspan="2">갈색 10월</td><td>단풍</td><td>홍황색</td></tr>
</table>

밤나무

과 명 참나무과
학 명 *Castanea crenata*
영 명 Korean Chestnut

성 상 낙엽활엽교목
적 응 전국
원산지 한국

3-6

밤나무의 열매

수형

암꽃과 수꽃

단풍

배식 참고사항

- 옛부터 산기슭이나 민가의 뒷뜰에 식재되었으며 녹음효과가 좋아 녹음수로도 적당하다.
- 주로 열매 생산을 목적으로 하는 수종이나 야취가 있어 사랑받아 왔다.
- 양수로서 바람이 적은 산록이나 저지대의 토심이 깊고 비옥하며 배수가 잘 되는 곳을 좋아한다.
- 내조성 · 내건성은 약하나 맹아력이 좋으며 수세가 강건하다.

비 고

- 자웅동주로 수꽃은 길이 10~15cm의 유이화서를 이루며 암꽃은 수꽃의 아래쪽에 보통 3개씩 모여서 핀다

배식대상지		형태적특성		생태적특성			
단지입구		잎	호생 타원상 피침형 파상의 거치	내한성	강	토성	사질양토
주요지점				음양성	양	양분	비옥지
주거동 전면		꽃	일가화 수꽃은 유이화서	수분	적윤지	토양반응	
주거동 주변	○			공해	중	내조성	약
주차장 주변		열매	곡두에 길이 3cm의 포침	맹아력	강	성목 : 20m 근계 : 수형 : 원형	
외곽 녹지	○			이식	용이		
가로수		수피	세로로 갈라짐	내염	약		
절개지		질감	보통	생장			
색깔	꽃	황백색 6~7월	열매	다갈색 9~10월	단풍	황갈색	

낙엽교목

상수리나무

과 명 참나무과
학 명 *Quercus acutissima*
영 명 Sawtooth Oak

성 상 낙엽활엽교목
적 응 전국
원산지 한국 · 중국 · 일본

3-7

상수리나무의 단풍

상수리나무의 겨울 잎

상수리나무의 수형

상수리나무의 꽃

상수리나무의 수피

배식 참고사항

- 우리나라의 참나무 자생수종 중 가장 관상가치가 큰 수종으로 가을의 황엽과 흑회색 줄기의 자연스런 모습이 아름답다.
- 수형이 아름답고 잎이 작아서 참나무류중 가장 질감이 부드럽다.
- 오래 된 나무줄기의 위엄이 매우 돋보여 겨울의 정경을 꾸며준다.
- 견밀성 토양에도 잘 견디고 건조에도 강한 편이나 토심이 깊고 비옥한 토양을 좋아한다.
- 뿌리돌림에 의한 발근력이 불량하므로 어린 나무를 옮겨 심는 것이 좋다.
- 내음성이 약하다.
- 겨울에도 잎이 떨어지지 않고 달려있어 조경소재로써 특이한 점을 갖고 있다.

배식대상지		형태적특성		생태적특성			
단지입구	○	잎	호생 장피침형 파상의 거치	내한성	강	토성	사질양토
주요지점	○			음양성	양	양분	척박지
주거동 전면		꽃	일가화 수꽃은 밑으로 처짐	수분	적윤지 -내건	토양반응	
주거동 주변	△			공해	중	내조성	강
주차장 주변	○	열매	견과	맹아력	강	성목 : 25m 근계 : 심근성 수형 : 원정형	
외곽 녹지	○		원형	이식	곤란		
가로수	△	수피	흑회색, 갈라짐	내염	중		
절개지	○	질감	거칠음	생장	빠름		
색깔	꽃	황록색 4~5월	열매	갈색 10월	단풍	등황색	

떡갈나무의 단풍

떡갈나무의 열매

굴참나무의 수피

졸참나무

비 고

- 떡갈나무(*Q. dentata*) : 수형이 웅대하고 잎이 넓어서 시원한 멋이 있다.
- 그 외에 수피에 코르크 조직이 발달한 굴참나무(*Q. variavilis*), 수형이 웅대한 갈참나무(*Q. aliena*), 졸참나무(*Q. serrata*), 신갈나무(*Q. mongolica*) 등을 통칭하여 일반적으로 참나무라 부른다.

낙엽교목

참느릅나무

과 명 느릅나무과
학 명 *Ulmus parvifolia*
영 명 Chinese Elm

성 상 낙엽활엽교목
적 응 전국
원산지 한국 · 중국

참느릅나무의 꽃

수피

노목의 수형

열매

느릅나무의 열매

배식 참고사항

- 우리나라 중부 이남의 습기가 많은 계곡 · 하천변 · 호수가 또는 토심이 깊은 평지에서 자생하고 있다.
- 광택있는 잎과 잘 발달된 세지 그리고 무늬가 수려한 수피의 독특한 색감 등이 조화를 이루어 대단히 아름다운 수태를 연출한다.
- 느릅나무류 중 잎이 가장 작아 섬세한 아름다움이 있다.
- 생명력이 강한 편이고 양수이나 그늘에서도 잘 견딘다.
- 조경수로 많이 사용하지 않았으나 녹음수 · 가로수 등으로 잠재력이 높은 수종이다.
- 식재는 군식 · 혼식 · 단식 모두 어울리며 차폐용으로도 사용할 수 있다.

비 고

- 느릅나무(*U. davidiana* var. *japonica*) : 맹아력이 강하여 생울타리용으로도 이용한다. 내음성 · 내한성이 대단히 강하고 호습성이며, 내조성과 내공해성은 약하다.

배식대상지		형태적특성		생태적특성			
단지입구	○	잎	호생 타원형 단거치, 광택	내한성	강	토성	사질양토
주요지점	○			음양성	양	양분	비옥지
주거동 전면		꽃	잡성화	수분	적윤지	토양반응	
주거동 주변	○			공해	강	내조성	강
주차장 주변	○	열매	시과 타원형	맹아력	강	성목 : 15m 근계 : 수형 : 원정형	
외곽 녹지	○			이식	용이		
가로수	○	수피	홍갈색, 갈라짐	내염	강		
절개지		질감	거칠음	생장	빠름		
색깔	꽃	황갈색 9월	열매	담갈색 10월	단풍	등황색	

느티나무

과 명 느릅나무과
학 명 *Zelkova serrata*
영 명 Zelkova Tree

성 상 낙엽활엽교목
적 응 전국
원산지 한국 · 중국 · 일본

3-9

느티나무 노목의 수형

붉은단풍

꽃

노란 단풍

열매

배식 참고사항

- 예로부터 정자목으로 많이 이용되어온 수목으로 수형 · 수피 · 단풍이 아름다워 독립수로 적합하다.
- 도심내에서도 적응력이 높아 조경용으로 가장 많이 이용되는 수목이며, 수형이 단정하여 잔디밭 위에 식재하여도 잘 어울린다.
- 수피는 오랫동안 밋밋하지만 늙으면서 비늘처럼 떨어지며 피목은 옆으로 발달한다.
- 뿌리의 퍼짐이 강하고, 수명이 길어 큰 나무로 자라기 때문에 열식할 경우에는 적당한 식재 간격이 필요하다.
- 적윤지의 중성토양을 좋아하고, 배수가 잘 되고 토양내 통기가 잘 되는 곳에서 생장이 좋다.

배식대상지		형태적특성		생태적특성			
단지입구	◎	잎	호생 장타원형, 거치	내한성	강	토성	사질양토
주요지점	○			음양성	중용	양분	비옥지
주거동 전면		꽃	일가화	수분	적윤지	토양반응	중성
주거동 주변	△			공해	중	내조성	
주차장 주변	○	열매	핵과 편구형	맹아력	중	성목 : 25m 근계 : 심근성 수형 : 평정형	
외곽 녹지	○			이식	보통		
가로수	○	수피	회갈색	내염	약		
절개지		질감	고움	생장	빠름		
색깔	꽃	담황색 4월	열매	갈색 10월	단풍	황색, 적색	

팽나무

과 명 느릅나무과
학 명 *Celtis sinensis*
영 명 Nettle Tree
성 상 낙엽활엽교목
적 응 전국
원산지 한국 · 중국

3-10

팽나무의 수형

단풍

열매

배식 참고사항

- 생육지역은 우리나라 전지역이나 다습한 해안지방, 도서지방에 거목이 남아 있다.
- 수명이 길고 굵은 가지가 웅장한 수관을 만들고 뿌리 뻗음이 좋아 느티나무와 함께 정자목으로 일품이다.
- 줄기 · 잎 · 열매 등이 아름답고, 야취의 멋이 짙은 우리의 향토수종이나 요즘은 많이 식재되고 있지 않다.
- 수피는 회흑색이며 작은 피목이 많고 거칠다.
- 10월에 익는 적황색 열매는 맛이 있어 새들의 먹이가 된다.
- 녹음수 · 독립수로 이용할 수 있고, 대단위 조경에 알맞다.
- 양지 · 음지 가리지 않고 환경 적응력이 큰 수종으로 바닷가에 식재하는 것도 좋다.

배식대상지		형태적특성		생태적특성			
단지입구	○	잎	호생 장타원형 윗부분에 잔거치	내한성	강	토성	사질양토
주요지점	○			음양성	중용	양분	보통토
주거동 전면		꽃	양성화	수분	적윤지	토양반응	
주거동 주변	△			공해	강	내조성	강
주차장 주변	△	열매	핵과 구형	맹아력	강	성목 : 20m 근계 : 천근성 수형 : 평정형	
외곽 녹지	○			이식	용이		
가로수	○	수피	회흑색	내염	강		
절개지		질감	보통	생장	빠름－느림		
색깔	꽃	담황색 5월	열매	적황색 10월	단풍	황색	

낙엽교목

계수나무

과 명	계수나무과	**성 상**	낙엽활엽교목
학 명	*Cercidiphyllum japonicum*	**적 응**	전국
영 명	Katsura Tree	**원산지**	일본 · 중국

3-11

계수나무의 수꽃

암꽃

단풍

노목의 수형

배식 참고사항

- 박태기나무와 유사한 심장형의 잎, 5월에 잎보다 먼저 피는 작지만 특이한 향기가 있는 꽃, 가을에 황색 · 자색 등 5색으로 물드는 아름다운 단풍을 갖고 있으며, 가지의 모양이나 수형도 우아하다.
- 지표 부근에서 여러개의 줄기가 나오나 어릴 때 제거하여 하나의 줄기로 키우면 좋은 녹음수 · 가로수 · 독립수가 될 수 있다.
- 잎이 넓은 심장형이고 뒷면은 분백색으로 여름철 수관의 질감이 아름다우나 잎이 진 후의 질감은 보통이다.
- 토양수분이 풍부한 곳에서 생육이 잘 되며, 건조한 토양에서는 잘 자라지 못한다.
- 습윤한 땅에 식재하면 쉽게 활착 시킬 수 있으며, 식재후 흙이 지나치게 마르는 일이 없도록 관수에 유의해야 한다.

배식대상지		형태적특성		생태적특성			
단지입구	△	잎	대생 광란형 심장형	내한성	강	토성	사질양토
주요지점				음양성	중용	양분	보통토
주거동 전면		꽃	이가화	수분	적윤지	토양반응	
주거동 주변	○			공해	중	내조성	
주차장 주변	○	열매	3~5개씩 달림	맹아력	중	성목 : 25m 근계 : 심근성 수형 : 장타원형	
외곽 녹지	○			이식	보통		
가로수	△	수피	홍갈색	내염	강		
절개지	○	질감	고운	생장	빠름		
색깔	꽃	주홍색 3~4월	열매	암자갈색 8월	단풍	황색 등 다양	

목련

과 명 목련과
학 명 *Magnolia kobus*
영 명 Kobus Magnolia

성 상 낙엽활엽교목
적 응 전국
원산지 한국 · 일본

목련꽃

열매

단풍

수형

배식 참고사항

- 잎이 나오기 전에 피는 하얀 꽃은 백목련처럼 화려한 느낌은 없으나 은은한 향기와 함께 동양풍의 원시적인 아름다움이 있다.
- 백목련과 유사하나 6~9개의 꽃잎이 있고, 지름이 10cm 이하이며 밑부분에 연한 홍색줄이 있는 것이 다른 점이다.
- 어릴 때는 꽃을 잘 맺지 않으나, 년수가 지나면서 수관의 발달이 왕성하고 꽃이 많이 달리며, 노목이 되면 수태가 더욱 아름다워진다.
- 목련류는 가지에 상처가 생기면 치유하는 데 시간이 오래 걸리므로 가급적 전지를 하지 않도록 해야 한다.
- 목련류의 뿌리는 매우 연약하여 상해를 받기 쉬우므로 캐낸 뒤 뿌리가 직사광선과 바람에 노출되지 않도록 해야 하며, 심을 때는 주위에 다른 나무가 없도록 하여 근계경쟁을 피하여야 하고, 강한 답압에 견디지 못하므로 주변에 지피류를 식재해야 한다.
- 독립수 · 경관수로 알맞다.

배식대상지		형태적특성		생태적특성			
단지입구	○	잎	호생 광란형	내한성	강	토성	사질양토
주요지점	△			음양성	중용	양분	보통토
주거동 전면	◎	꽃	종상 꽃잎 6~9개	수분	적윤지	토양반응	약산성
주거동 주변	○			공해	중	내조성	
주차장 주변	○	열매	골돌 원통형 곧거나 구부러짐	맹아력	중	성목 : 10m 근계 : 수형 : 원정형	
외곽 녹지	○			이식	용이		
가로수		수피	회백색	내염	강		
절개지		질감	보통	생장	빠름		
색깔	꽃	백색 4월	열매	적색 10월	단풍	황색	

함박꽃나무

함박꽃나무의 수형

별목련('Royal Star')의 수형

별목련(Pink Wild Form)

비 고

- 함박꽃나무(산목련; *M. sieboldii*) : 계곡부에 자생하는 야취가 있는 수목으로 6월경에 밑을 향해 피는 꽃은 여름부터 가을까지 몇 송이씩 달려 은은한 향기를 풍기며, 9월에 익는 붉은 열매도 아름답다. 음수로 적윤지 토양에 알맞으며, 소교목 또는 관목성으로 독립수·기초식재용·교목의 전면부 식재용으로 적합하다.
- 별목련(*M. stellata*) : 소교목으로 수고 3~4m 까지 자라며, 소지가 많이 갈라지며 옆으로 퍼져 관목성으로 자란다. 꽃은 연분홍으로 별모양이고, 꽃잎이 12~14개로 꽃받침과 꽃잎이 구별되지 않으며 향기가 약간 있다.

백목련

과 명 목련과
학 명 *Magnolia heptapeta*
영 명 Yulan Magnolia

성 상 낙엽활엽교목
적 응 전국
원산지 중국

백목련 꽃

열매

단풍

노목의 수형

배식 참고사항

- 잎이 나기 전 가지 끝에 점상형으로 피어 나무 전체를 덮는 흰 꽃은 매우 아름답고 향기가 있으며, 초봄에 일찍 봄을 알리는 대표적인 화목이다.
- 개화기간이 짧고 꽃이 지면 다소 쓸쓸해 보이기도 하며, 겨울동안 달려 있는 붓끝 같은 갈색의 꽃눈도 관상가치가 있다.
- 꽃은 지름이 13~15cm 정도이고, 백색이며 6개의 꽃잎과 3개의 꽃받침이 비슷하게 생겨 꽃잎이 9개로 보이는 것이 목련과 다르다.
- 양지 · 음지에서 모두 잘 자라고 해안지방에서도 잘 자란다.

배식대상지		형태적특성		생태적특성			
단지입구	○	잎	호생 도란형 표면에 약간의 털	내한성	강	토성	사질양토
주요지점	△			음양성	중용	양분	비옥지
주거동 전면	◎	꽃	종상 꽃잎 6개	수분	적윤지	토양반응	
주거동 주변	○			공해	중	내조성	
주차장 주변	○	열매	골돌 원주형	맹아력	중	성목 : 15m 근계 : 심근성 수형 : 평정형	
외곽 녹지	○			이식	용이		
가로수		수피	회백색	내염	중		
절개지		질감	보통	생장	빠름		
색깔	꽃	백색 4월	열매	갈색 10월	단풍	갈색	

자주목련

자주목련의 수형

자목련의 수형

자목련

비 고

- 자주목련(var. *purpurascens*) : 나무의 특성은 백목련과 비슷하지만 꽃잎의 겉이 담자홍색이고 안쪽이 백색인 것을 자주목련이라고 한다.
- 자목련(*M. quinquepeta*) : 꽃은 4~5월에 잎과 함께 피고, 꽃잎은 6개이며 겉이 짙은 자주색이고 안쪽은 연한 자주색이다. 높이 3~4M 정도 관목성으로 자라고, 가지가 굵어지지 않으며 많이 갈라져 십수년이 지나면 가지의 배열이 아름답다. 독립수 · 첨경수 · 경관수 및 기초식재용으로 이용되며, 특히 봄에 흔하지 않은 자색의 색감효과를 얻을 수 있다. 양수이며 중부내륙에서는 월동이 불가능하고, 해안지방에서의 적응이 어렵다.

일본목련

과 명 목련과
학 명 *Magnolia hypoleuca*
영 명 Japanese Cucumber Tree

성 상 낙엽활엽교목
적 응 전국
원산지 일본

일본목련의 수형

꽃

열매

배식 참고사항

- 강렬한 꽃향기, 우아한 꽃, 큰 잎, 웅대한 수관이 인상적이며 잎이 진 뒤 가지의 배열이 아름답다.
- 5월경 잎이 나온 뒤에 가지 끝에 달리는 큰 꽃은 아름답고 향기가 좋아 향목련이라고도 불리운다.
- 가을에 달리는 붉은 색의 열매는 매우 특이하나 낙엽은 다른 목련류처럼 칙칙하여 감상가치가 없다.
- 우리나라 목련류 중 잎이 제일 커서 거친 질감효과를 나타낸다.
- 독립수로 이용하며 녹음수 · 첨경수 등으로 식재한다.
- 적습지를 좋아하고, 직근이 발달하지 않아 뿌리분 만들기는 용이하나 이식은 곤란한 편이다.

비 고

- 한자명이 厚朴이어서 후박나무라 부르기도 하지만, 원래 후박나무로 부르는 상록수가 따로 있으므로 혼동하지 말아야 한다.

<table>
<tr><th colspan="2">배식대상지</th><th colspan="2">형태적특성</th><th colspan="4">생태적특성</th></tr>
<tr><td>단지입구</td><td>△</td><td rowspan="2">잎</td><td rowspan="2">호생·가지끝에 총생
길이 20~40cm</td><td>내한성</td><td>강</td><td>토성</td><td>사질양토</td></tr>
<tr><td>주요지점</td><td>△</td><td>음양성</td><td>양</td><td>양분</td><td>비옥지</td></tr>
<tr><td>주거동 전면</td><td></td><td rowspan="2">꽃</td><td rowspan="2">꽃잎 6~9개
가지끝에
단생</td><td>수분</td><td>적윤지</td><td>토양반응</td><td></td></tr>
<tr><td>주거동 주변</td><td>○</td><td>공해</td><td>중</td><td>내조성</td><td></td></tr>
<tr><td>주차장 주변</td><td>○</td><td rowspan="2">열매</td><td rowspan="2">골돌
장타원형</td><td>맹아력</td><td>약</td><td colspan="2" rowspan="5">성목 : 30m
근계 :
수형 : 원추형
→원정형</td></tr>
<tr><td>외곽 녹지</td><td>○</td><td>이식</td><td>곤란</td></tr>
<tr><td>가로수</td><td></td><td>수피</td><td>회백색</td><td>내염</td><td>약</td></tr>
<tr><td>절개지</td><td></td><td>질감</td><td>보통</td><td>생장</td><td>빠름</td></tr>
<tr><td>색깔</td><td>꽃</td><td colspan="2">황백색 5월 | 열매</td><td colspan="2">홍자색 10월</td><td>단풍</td><td>갈색</td></tr>
</table>

튤립나무(백합나무)

과 명 목련과
학 명 *Liriodendron tulipifera*
영 명 Tulip Tree

성 상 낙엽활엽교목
적 응 전국
원산지 북미

튤립나무의 수형

꽃

열매

배식 참고사항

- 초여름에 중심부가 황색이고 꽃잎이 녹황색인 튤립같은 꽃이 피는 수형이 아름다운 나무이다.
- 잎의 모양이 가위로 자른 듯 한 결각과 광택이 있어 아름답다.
- 줄기도 회백색으로 아름답고 노목이 되면 세로로 잔금이 생긴다.
- 성장이 빠르고 수관이 크게 자라며, 기품이 있고 귀족적인 나무이다.
- 녹음수 · 독립수 · 가로수로 이용하나 건조에 약하여 토양수분이 충분해야 하고, 눈이나 바람에 의해 가지가 부러지기 쉬우므로 가로수로 이용할 때는 주의를 해야 한다.
- 바람에 쓰러지기 쉬우므로 식재후 바로 지주를 세워주어야 한다.
- 성목은 30m까지 자라기 때문에 식재간격에 유의하여 식재하여야 한다.

배식대상지		형태적특성		생태적특성			
단지입구	○	잎	호생 광란상 원형 광택, 결각	내한성	강	토성	사질양토
주요지점	△			음양성	중용	양분	비옥지
주거동 전면		꽃	종상 가지끝에 단생	수분	적윤지	토양반응	
주거동 주변	○			공해	강	내조성	약
주차장 주변	○	열매	소견과	맹아력	중	성목 : 30m 근계 : 직근→천근성 수형 : 광원추형	
외곽 녹지	○			이식	곤란		
가로수	△	수피	흑갈색	내염	약		
절개지		질감	고운	생장	매우 빠름		
색깔	꽃	녹황색 5~6월	열매	담갈색 10월	단풍	황색	

양버즘나무(프라타나스)

과 명 버즘나무과
학 명 *Platanus occidentalis*
영 명 American Planetree

성 상 낙엽활엽교목
적 응 전국
원산지 미국

양버즘나무의 수형

꽃

열매

배식 참고사항

- 가로수로서 전세계적으로 많이 사용하는 수종이며 여름의 녹엽, 가을의 홍엽, 겨울에 달리는 열매, 조각으로 떨어지는 얼룩 수피가 특징이다.
- 수세가 강건하고 왕성한 생장을 하며, 공해에도 강하여 도시내 식재에 이용된다.
- 수고가 30m 정도까지 커지기 때문에 대단위 조경에 알맞으며 녹음수·가로수·독립수로 적합하고, 버즘나무보다 추위에 강하여 가로수로 심겨져 있는 것은 대부분 양버즘나무이다.

비 고

- 버즘나무(*P. orientalis*) : 잎이 5~7열로 깊이 갈라지고 거치가 뾰족하다. 수피는 양버즘나무와 흡사하지만, 년수가 지나면 외피가 벗겨져서 배롱나무와 같이 반무늬로 되며, 열매가 3개 이상 달린다.

배식대상지		형태적특성		생태적특성			
단지입구		잎	호생 광란형 3~5열로 갈라짐	내한성	강	토성	사질양토
주요지점				음양성	중용	양분	보통토
주거동 전면		꽃	일가화 두상화서	수분	적윤지 -내건	토양반응	
주거동 주변	△			공해	강	내조성	
주차장 주변	○	열매	구과 구형 1개씩 달림	맹아력	강	성목 : 30m 근계 : 수형 : 원추형	
외곽 녹지	○			이식	용이		
가로수	◎	수피	회백색	내염	중		
절개지	△	질감	거칠음	생장	매우 빠름		
색깔	꽃	연녹색·암적색 4월	열매	갈색 11월	단풍	황홍색	

낙엽교목

모과나무

과 명 장미과
학 명 *Cydonia sinensis*
영 명 Chinese Quince

성 상 낙엽활엽교목
적 응 전국
원산지 중국

3-17

모과나무의 꽃

열매

단풍

수형

배식 참고사항

- 중부 이남의 마을 주변에 심고 있다.
- 얼룩진 수피, 단정한 수형 및 수간의 패턴을 감상하기 위하여 식재한다.
- 열매는 가을에 노랗게 익으며 향기가 나고 술을 담아 먹기도 한다.
- 늦봄에 피는 연분홍 꽃은 잎에 가려 눈에 잘 띄지 않는다.
- 독립수 및 발코니 부근 식재에 적합하고 첨경수로 심어도 좋다.
- 수세가 강건하며 비옥 적윤지를 좋아하나 습지에서는 견디지 못한다.
- 비교적 이식이 쉬운 나무로서 맹아력이 강하기 때문에 가지를 완전히 쳐버려도 움이 많이 돋아나 몇 년 후에는 다시 어울릴 수 있다.

비 고

- 수피는 밋밋하고 홍갈색과 녹색으로 얼룩무늬이며 비늘모양으로 수피가 벗겨진다.

배식대상지		형태적특성		생태적특성			
단지입구	△	잎	호생 타원상 난형 예거치	내한성	강	토성	사질양토
주요지점	○			음양성	양	양분	비옥지
주거동 전면	◎	꽃	양성화 1개씩 액생	수분	적윤지	토양반응	
주거동 주변	○			공해	강	내조성	
주차장 주변	△	열매	이과 구형·타원형	맹아력	강	성목 : 10m 근계 : 천근성 수형 : 원정형	
외곽 녹지	△			이식	용이		
가로수		수피	홍갈색 녹색 얼룩무늬	내염	강		
절개지		질감	보통	생장	보통		
색깔	꽃	담홍색 4~5월	열매	황색 10~11월	단풍	황홍색	

낙엽교목

산사나무

과 명 장미과
학 명 *Crataegus pinnatifida*
영 명 Hawthorn

성 상 낙엽활엽교목
적 응 전국
원산지 한국 · 중국 · 일본

3-18

산사나무의 꽃

수형

열매

단풍

배식 참고사항

- 척박한 토양에서 잘 견디며 흰색 꽃과 가을의 붉은 열매가 관상의 대상이되는 화목이다.
- 늦봄에 뭉게구름처럼 뭉쳐서 피는 순백색의 꽃은 매우 아름다우며 밀원이 된다. 5~9열로 깊게 갈라지는 짙은 녹색의 잎은 광택이 있으며 치아상의 거치가 인상적이다.
- 경관수 · 독립수로 적당하며 발코니 부근에 식재하여 좋은 효과를 기대할 수 있고, 어린 줄기에 가시가 있으며 맹아력이 강하여 생울타리로도 이용한다.
- 여름에 서늘하고 너무 건조하지 않은 환경이 적합하며, 더운 곳에서의 식재는 바람직하지 못하다.
- 내한성이 강하므로 이식은 12월경이 적기이며 봄에 싹트기 전도 무방하다.
- 성목이 되기까지는 상당한 햇수가 걸린다.

배식대상지		형태적특성		생태적특성			
단지입구		잎	호생 삼각상 난형 갈라짐 광택 · 거치	내한성	강	토성	사질양토
주요지점				음양성	양	양분	비옥지
주거동 전면	○	꽃	가지끝에 산방화서	수분	적윤지	토양반응	
주거동 주변	○			공해	중	내조성	강
주차장 주변	○	열매	이과 구형	맹아력	중	성목 : 6m 근계 : 직근 발달 수형 : 원정형	
외곽 녹지	○			이식	보통		
가로수		수피	회백색	내염	중		
절개지		질감	보통	생장	느림		
색깔	꽃	백색 5월	열매	홍색 10월	단풍	황색	

귀룽나무

과 명 장미과
학 명 *Prunus padus*
영 명 European Bird Cherry

성 상 낙엽활엽교목
적 응 전국
원산지 한국

귀룽나무의 수형

꽃

단풍

배식 참고사항

- 이른 봄에 잎이 나오는 수목 중의 하나로 일찍 푸르름을 제공하여 조경적 가치가 높다.
- 5월경에 피는 백색 꽃은 잎에 가려 벚나무보다 시각적으로 덜 두드러지나 꽃이 꼬리 모양으로 길게 주렁주렁 달리는 것이 특이하며, 열매가 가을 늦게까지 매달려 있어 아름답다.
- 벚나무 종류중 생육이 가장 빨라 속성수로 사용하면 좋다.
- 여름에 익는 흑색 열매는 새들의 먹이가 되며, 브랜디의 원료가 되기도 한다.
- 야취적인 멋이 나는 풍치수로 다른 수목과 혼식 하는 것도 어울리며, 공해에 강하므로 도심내 식재에도 적합하다.
- 빠른 시일내에 조경효과가 필요한 곳에 식재하면 좋으며, 식재시 식재간격에 유의하여야 한다.
- 수분이 많은 물가에 식재하면 좋다.

배식대상지		형태적특성		생태적특성			
단지입구		잎	호생 도란상 타원형 잔 거치	내한성	강	토성	사질양토
주요지점				음양성	음	양분	비옥지
주거동 전면		꽃	총상화서	수분	적윤지 -호습	토양반응	
주거동 주변	○			공해	강	내조성	
주차장 주변	○	열매	핵과 구형	맹아력	강	성목 : 15m 근계 : 수형 : 원정형	
외곽 녹지	○			이식	보통		
가로수	○	수피	흑갈색	내염	강		
절개지		질감	거칠음	생장	빠름		
색깔	꽃	백색 4~5월	열매	흑색 6~7월	단풍	적황색	

꽃사과

과 명 장미과
학 명 *Malus* Spp.
영 명 Crabapple

성 상 낙엽활엽교목
적 응 전국
원산지 중국

꽃사과

서부해당화

꽃사과의 수형

꽃사과(*M. prunifolia*)

꽃사과의 열매

배식 참고사항

- 미국 등지에서 개량된 꽃사과류에는 매우 많은 종류가 있어 꽃피는 시기가 4월말에서 5월말까지 분포하고, 꽃색도 흰색에서 적색에 이르기까지 다양하다. 꽃잎도 홑꽃・겹꽃・만첩 등 그 종류가 많고, 열매도 적색・황색 등 여러 색상을 띤다.
- 꽃사과류 중 우리나라에 일부가 도입되어 식재되고 있으나, 종류에 대해서는 정확한 구분이 없이 사용하고 있는 실정이다.
- 꽃사과류는 대체로 만개하면 꽃이 온나무를 뒤덮어 장관을 이루는 대표적인 화목이며, 열매도 나무 전체를 뒤덮어 아름답고 새들의 먹이가 된다.
- 경관수나 가로수로 사용하며 널리 이용할 수 있으나 환경 적응력이 약하다.

배식대상지		형태적특성		생태적특성			
단지입구	○	잎	호생 광타원형	내한성	강	토성	사질양토
주요지점	◎			음양성	양	양분	비옥지
주거동 전면	○	꽃	산방화서	수분	적윤지	토양반응	
주거동 주변	○			공해	중	내조성	약
주차장 주변	○	열매	이과 편구형	맹아력	강	성목 : 6~7m 근계 : 수형 : 원정형	
외곽 녹지	○			이식	용이		
가로수	△	수피	회백색	내염	약		
절개지		질감	보통	생장	빠름		
색깔	꽃	담홍색 등 다양 4~5월	열매	황색 등 다양 10월	단풍	황색	

아그배나무

아그배나무의 붉은 열매

아그배나무의 노란열매

야광나무

비 고

- 꽃아그배나무(*M. floribunda*) : 중국이 원산으로 구미에서 육종된 개량 아그배나무로 겹꽃이 3~7개씩 모여 피며 봉오리일때는 홍색이지만 개화하면 분홍색이며 흰색으로 시든다. 10월에 결실하는 황색 바탕에 적색기운이 도는 열매도 온 나무를 뒤덮어 아름다우며, 오래 달려있어 새의 먹이가 된다. 내염성이 약하여 바닷가에서는 염해를 입는다.
- 서부해당화(*M. halliana*) : 중국원산의 원예종으로 4~5월에 연분홍색 꽃이 화사하게 피며, 가을에 붉게 익는 열매는 새의 먹이가 된다. 각종 공해에 강한 편이나 병충해에 약하다. 내조성이 약하며, 비옥적윤한 곳에서 개화결실이 양호하다.
- 아그배나무(*M. sieboldii*) : 중국 원산으로 꽃이 5월에 잎과 같이 개화하며, 양성화로 3~7개의 꽃이 가지 끝에 산형화서로 달린다. 꽃잎은 5개이며 꽃봉오리는 홍색이나 개화하면 분홍색이나 백색으로 변한다. 가을의 붉은색 또는 황색 열매는 온 나무를 뒤덮어 아름다우며, 가지에 오래 달려 있어 새의 먹이가 된다.
- 야광나무(*M. baccata*) : 전국의 산야에 자생하며 5월경에 분홍색을 띠는 꽃망울이 활짝 피면 향기 있는 흰색 또는 담홍색의 꽃이 온 나무를 덮는다. 지름 1cm 정도의 황색 또는 홍색 열매가 12월 까지 달려 있어 아름다우며 새들의 먹이가 된다.

왕벚나무

과 명	장미과	성 상	낙엽활엽교목
학 명	*Prunus yedoensis*	적 응	전국
영 명	Japanese cherry	원산지	한국

왕벚나무의 꽃

단풍

열매(벚찌)

왕벚나무 노목의 가로수

산벚나무의 꽃

배식 참고사항

- 제주도 한라산 산록이 원산지이다.
- 4월에 잎보다 먼저 피는 흰색 또는 담홍색 꽃은 나무 전체를 뒤덮는다.
- 30년생이 가장 아름답고 50년생이 되면 노목으로 약해진다.
- 매우 다양하게 이용되고 특히 독립수·군식용·녹음수 및 가로수로 식재되나 전정을 싫어하고 대기오염에 약하며 토질을 가리는 결점이 있어 가로수 사용은 피해야 한다.
- 벚나무류는 양지바르고 통풍이 잘되는 곳에 식재하여야 하며, 천근성으로 답압에 약하므로 지피식물 등을 심어 피해를 방지하여 주어야 한다.
- 벚나무류는 지하수위가 높은 곳을 싫어하므로 배수가 잘되는 곳이어야 하며, 건조에도 약하므로 여름에 너무 건조한 곳은 좋지 않다.
- 중부 내륙지방에서는 월동이 다소 곤란하다.

배식대상지		형태적특성		생태적특성			
단지입구	○	잎	호생 타원상 난형 복거치	내한성	강	토성	사질양토
주요지점	○			음양성	양	양분	보통토
주거동 전면	△	꽃	산방화서 5~6개씩 뭉쳐핌	수분	적윤지	토양반응	
주거동 주변	◎			공해	보통	내조성	강
주차장 주변	○	열매	핵과 구형	맹아력	약	성목 : 15m 근계 : 천근성 수형 : 원형	
외곽 녹지	○			이식	보통		
가로수	△	수피	회갈색	내염	중		
절개지		질감	보통	생장	빠름		
색깔	꽃	백색·담홍색 4월	열매	흑색 6~7월	단풍	황적색	

겹벚나무(분홍색 꽃)

겹벚나무의 수형

수양벚나무의 수형

겹벚나무(흰색 꽃)

비 고

- 산벚나무(*P. sargentii*) : 바다에 가까운 산에서 자라며, 잎과 같이 피는 담홍색 꽃이 나무를 뒤덮고, 가을에 단풍이 붉게 물들어 아름다우며, 흑갈색 수피는 광택이 있어 겨울철 감상의 대상이 된다.
- 벚나무(*P. serrulata* var. *spontanea*) : 양지바른 산에서 자라며, 잎과 동시에 산형화서에 3~5개씩 달리는 꽃은 담홍색 또는 거의 백색이다.
- 겹벚나무(*P. serrulata* for. *fugenzo*) : 관상용으로 일본에서 육종된 벚나무로 중부 이남에 식재하며 공해에는 강한 편이나 병충해에 약해 수명이 짧다. 겹으로 피는 꽃은 꽃봉오리가 진분홍색으로 변하여 꽃망울을 터뜨릴 무렵에는 복스럽다.
- 수양벚나무(*P. leveilleana* var. *pendula*) : 가지가 밑으로 늘어져 운치가 있고, 연분홍색 꽃이 핀다.

살구나무

과 명 장미과
학 명 *Prunus armeniaca* var. *ansu*
영 명 Apricot
성 상 낙엽활엽교목
적 응 전국
원산지 한국

살구나무의 꽃

열매(살구)

단풍

수형

배식 참고사항

- 우리나라 전역의 마을 주변이나 집안에 심어왔던 과수로 전원풍경에 알맞는 향토수종이다.
- 4월에 잎보다 먼저 피는 담홍색의 꽃이 나무 전체를 수놓아 화사한 아름다움을 주며, 여름철의 황적색 열매는 식용으로뿐 아니라 관상적인 가치도 있다.
- 독립수 · 경관수 및 경계식재용으로 이용한다.
- 내음성 · 내건성은 약하나 내조성 · 내공해성이 강하다.
- 양지바르고 토심이 깊으며 배수가 양호한 곳에서 좋은 과실을 얻을 수 있다.

비 고

- 개살구(*P. mandshurica* var. *glabra*) : 전국의 산에 야생하며 분홍색 꽃이 피고 수피가 콜크화되어 있다.

배식대상지		형태적특성		생태적특성			
단지입구	○	잎	호생 광타원형 거치	내한성	강	토성	사질양토
주요지점	○			음양성	양	양분	보통토
주거동 전면	○	꽃	1개씩 핌	수분	적윤지	토양반응	
주거동 주변	◎			공해		내조성	강
주차장 주변	○	열매	핵과 구형	맹아력	약	성목 : 5m 근계 : 수형 : 원정형	
외곽 녹지	○			이식	곤란		
가로수	.	수피	흑갈색	내염	중		
절개지		질감	보통	생장	빠름		
색깔	꽃	담홍색 4월	열매	황적색 7월	단풍	황색	

자두나무

과 명 장미과
학 명 *Prunus salicina*
영 명 Japanese Plum

성 상 낙엽활엽교목
적 응 전국
원산지 한국 · 중국

자두나무의 꽃

열매(자두)

자엽나무

자두나무의 수형

배식 참고사항

- 우리나라의 향토수종으로 4월에 잎보다 먼저 피는 하얀 꽃은 가지를 뒤덮으며, 한여름 녹색의 싱싱한 잎 사이에 노랗고 붉게 열리는 열매는 먹을 수 있다.
- 보통 과수로 재배되나 꽃과 과일을 보기 위해 식재하기도 한다.
- 3개씩 달리는 꽃은 녹색을 띤 백색으로 시원스런 향기를 풍기고 깨끗하다.
- 독립수 및 경계식재용으로 적당하다.
- 양수로서 토질은 과히 가리지 않는다.

비 고

- 자엽나무(*Prunus cerasifera*) : 분홍색의 꽃이 피며, 잎의 색이 봄부터 가을까지 항상 자주색이다.

배식대상지		형태적특성		생태적특성			
단지입구		잎	호생 장도란형 둔 거치	내한성	강	토성	사질양토
주요지점				음양성	양	양분	비옥지
주거동 전면	○	꽃	3개씩 달림	수 분	적윤지	토양반응	
주거동 주변	◎			공 해	중	내조성	
주차장 주변	○	열매	핵과 난상원형, 구형	맹아력	강	성목 : 10m 근계 : 천근성 수형 : 원정형	
외곽 녹지	○			이 식	용이		
가 로 수		수피	회록색, 광택	내 염	약		
절 개 지		질감	보통	생 장	빠름		
색 깔	꽃	백색 4월	열매	황색·자적색 7월	단풍		

매실나무(매화나무)

과 명 장미과
학 명 *Prunus mume*
영 명 Japanese Apricot

성 상 낙엽활엽교목
적 응 중부 이남
원산지 중국

매실나무의 수형

열매(매실)

붉은색 꽃

담홍색 꽃

흰색 꽃

배식 참고사항

- 사군자의 하나로 3~4월에 잎보다 먼저 피는 꽃은 향기가 좋고 아름답다.
- 꽃은 꽃자루 없이 1~3개씩 달리고 꽃의 색은 다양한데 기본종은 담홍색이며, 보통 꽃잎이 5매인 홑꽃이나 겹꽃·만첩 등 다양한 품종이 있다.
- 황색 또는 녹색을 띠는 열매는 신맛이 강하고 식용·약용한다.
- 식재장소는 양지바른 곳이어야 하고, 남쪽지방에서 흔히 식재하나 서북향이 막힌 양지 바른 곳에서는 서울을 비롯한 중부지방에서도 잘 자란다. 독립수 및 경계식재용으로 적당하다.
- 전정을 하는 수종이나 8월 이후의 강전정은 삼가야 한다.

비 고

- 흰꽃이 피는 흰매실('Alba'), 흰꽃이 만첩으로 피는 만첩흰매실('Albaplena') 붉은 꽃이 피는 홍매실('Purpurea'), 붉은 꽃이 만첩으로 피는 만첩홍매실('Alphandii') 등이 있다.

배식대상지		형태적특성		생태적특성			
단지입구		잎	호생 난형 잔 거치	내한성	중	토성	사질양토
주요지점	○			음양성	양	양분	비옥지
주거동 전면	◎	꽃	1~3개씩 달림	수분	적윤지	토양반응	
주거동 주변	○			공해	중	내조성	
주차장 주변	△	열매	핵과 구형	맹아력	강	성목 : 6m 근계 : 천근성 수형 : 원정형	
외곽 녹지	○			이식	용이		
가로수		수피	회록색	내염	약		
절개지		질감	보통	생장	빠름		
색깔	꽃	담홍색 3~4월	열매	녹색→황록색 7월	단풍		

복숭아나무(복사나무)

과 명 장미과
학 명 *Prunus persica*
영 명 Peach

성 상 낙엽활엽교목
적 응 전국
원산지 중국

3-25

복숭아나무의 수형

꽃복숭아(만첩백도)

꽃

열매(복숭아)

꽃복숭아(만첩홍도)

배식 참고사항

- 우리나라 농촌에 흔히 심는 과수로 꽃과 과일을 감상하고 먹을 수 있다.
- 꽃은 담홍색으로 4월에 잎이 나오기 전에 피어 온나무를 뒤덮어 장관을 이루고, 황색 또는 녹색을 띠는 열매는 식용・약용한다.
- 보통 과수로 재배되고 있는데 병충해에 약하기 때문에 치밀한 관리가 필요하며 수명이 짧다.
- 수관이 옆으로 퍼진다.
- 음지에서는 생장이 불량하고 배수양호한 곳을 좋아하며 내건성이 약하다.

비 고

- 꽃복숭아 : 꽃을 감상하는 원예수종으로 내한성이 강하고 내음성과 내건성은 약한 편이다. 단식보다는 군식이 어울리며 점경수로도 많이 이용된다.
- 백도('Alba'), 만첩백도('Alboplena'), 만첩홍도('Rubroplena')등이 있다.

배식대상지		형태적특성		생태적특성			
단지입구		잎	호생 피침형 둔 거치	내한성	강	토성	사질양토
주요지점				음양성	양	양분	비옥지
주거동 전면	○	꽃	1~2개씩 달림	수분	적윤지	토양반응	
주거동 주변	○			공해	중	내조성	강
주차장 주변	○	열매	핵과 난상 원형	맹아력	강	성목 : 6m 근계 : 천근성 수형 : 원정형	
외곽 녹지	○			이식	보통		
가로수		수피		내염	강		
절개지		질감	보통	생장			
색깔	꽃	담홍색 4~5월	열매	녹색→황록색 8~9월	단풍		

낙엽교목

배나무

과 명 장미과
학 명 *Pyrus serotina* var. *culta*
영 명 Pear
성 상 낙엽활엽교목
적 응 전국
원산지 한국

3-26

배나무의 수형

콩배나무

배나무의 꽃

열매(배)

돌배나무

배식 참고사항

- 꽃이 백색으로 아름다우며, 가을의 배는 중요한 과수의 하나이다.
- 배수가 양호하고 비옥도, 수분요구도가 높은 토질을 좋아한다.
- 향나무 근처에서는 적성병 때문에 피하는 것이 좋다.

비 고

- 콩배나무(*P. calleryana* var. *fauriei*) : 황해도 경기이남 산야의 양지바른 곳에 자생하는 낙엽관목으로, 4~5월에 흰색의 꽃이 가지 끝에 5~9개씩 핀다. 10월에 녹갈색에서 흑색으로 익는 작은 배는 먹을 수 있다. 맹아력이 좋아서 생울타리로 이용하면 좋다.
- 돌배나무(*P. pyrifolia*) : 콩배나무와 흡사하며 잎에 거치가 있다.
- 산돌배나무(*P. ussuriensis*) : 전국의 산야 및 인가 부근에 자생하는 낙엽활엽교목으로 수고가 10m에 달한다. 중용수로서 내건성·맹아력이 강하고 대기오염에도 강한 편이다. 흰꽃과 원추형의 수형이 아름답고, 열매는 먹을 수 있다.

배식대상지		형태적특성		생태적특성			
단지입구		잎	장타원형	내한성	강	토성	사질양토
주요지점				음양성	중용	양분	비옥지
주거동 전면	○	꽃	방상화서 난원형	수분	적윤지	토양반응	
주거동 주변	○			공해	약	내조성	
주차장 주변		열매	이과 구형	맹아력	중	성목 : 5m 근계 : 수형 : 원정형	
외곽 녹지	○			이식	보통		
가로수		수피	흑갈색	내염	약		
절개지		질감	보통	생장	약		
색깔	꽃	백색 4~5월	열매	다갈색 8~10월	단풍	황갈색	

팥배나무

과 명 장미과
학 명 *Sorbus alnifolia*
영 명 Korean Mountain Ash

성 상 낙엽활엽교목
적 응 전국
원산지 한국 · 일본

3-27

팥배나무의 열매

수형

꽃

단풍

배식 참고사항

- 늦봄에 피는 백색 꽃이 아름다우며, 가을에 황적색으로 달려 나무 전체를 수놓는 열매는 매우 관상가치가 높다.
- 꽃은 좋은 밀원이 되고 붉은 열매는 술을 담그며 새들의 먹이가 된다.
- 군집성이 강해 군락을 형성하고 내음력도 강하며, 건조한 척박지와 사방지에서도 잘 생육한다.
- 녹음수 또는 독립수로도 알맞으나 병충해가 많이 발생하고 공해에 견디기 어렵기 때문에 가로수로 식재하거나 도심부에 이용하기에는 부적당하다.
- 질감이 거칠고 맹아력이 강하여 식재후 군집을 이루기 때문에 노견 및 절개지 조경에 사용 가능한 야취적인 수종이다.
- 향나무 근처에는 적성병 때문에 피하는 것이 좋다.

배식대상지		형태적특성		생태적특성			
단지입구		잎	호생 난상 타원형 복거치	내한성	강	토성	사질양토
주요지점				음양성	중용	양분	척박지
주거동 전면	△	꽃	가지 끝의 산방화서에 6~10개씩 달림	수분	내건	토양반응	
주거동 주변	○			공해	약	내조성	
주차장 주변	○	열매	이과 타원형	맹아력	강	성목 : 15m 근계 : 길게 뻗음 수형 : 원정형	
외곽 녹지	◎			이식	보통		
가로수		수피	회갈색, 하얀 반점	내염	중		
절개지	○	질감	거칠음	생장	매우 빠름		
색깔	꽃	백색 5월	열매	황적색 10월	단풍	황홍색	

마가목

과 명 장미과
학 명 *Sorbus commixta*
영 명 Mountain Ash

성 상 낙엽활엽교목
적 응 전국
원산지 한국 · 일본

3-28

마가목의 단풍

열매

신엽

꽃

수형

배식 참고사항

- 질서정연한 잎, 황백색의 꽃, 붉게 익는 열매, 늦가을의 단풍 등이 매혹적이다.
- 가을에 적색으로 달리는 열매는 온 나무를 장식하여 관상가치가 높고, 야조 보호림 조성에도 중요한 나무이다.
- 독립수 또는 녹음수로 사용한다.
- 공해에 비교적 강해 도심내에서도 식재는 가능하나 단풍이 좋지 않다.
- 음수 내지 중용수로서 뿌리목 근처의 햇볕을 싫어하므로 지피식물과 함께 심는 것이 좋다.
- 적윤지가 적당하나 배수가 잘 되면 땅은 그다지 가리지 않는다.

비 고

- 봄에 새순이 말의 이빨같이 돋아난다하여 마가목(馬牙木)이라 한다.

배식대상지		형태적특성		생태적특성			
단지입구	○	잎	호생·우상복엽 소엽 9~13개 피침형, 거치	내한성	강	토성	사질양토
주요지점				음양성	음	양분	비옥지
주거동 전면	○	꽃	복산방화서	수분	적윤지	토양반응	
주거동 주변	◎			공해	중	내조성	
주차장 주변	○	열매	이과 구형	맹아력	중	성목 : 6~8m 근계 : 수형 : 원정형	
외곽 녹지	○			이식	보통		
가로수		수피	회갈색	내염	중		
절개지	○	질감	고움	생장	빠름		
색깔	꽃	백색 5월	열매	적색 10~11월	단풍	적색	

낙엽교목

자귀나무

과 명 콩과
학 명 *Albizzia julibrissin*
영 명 Silk Tree

성 상 낙엽활엽교목
적 응 중부이남
원산지 한국 · 일본 · 중국

3-29

자귀나무의 꽃

수형

열매

잎

배식 참고사항

- 6~7월에 공작깉이 피는 연분홍 꽃은 매우 특이하고 아름다우며, 꽃이 드문 시기에 피어 희소성이 있다.
- 잎은 2회 우상복엽으로 질감이 섬세하다.
- 가을에 익는 콩깍지 모양의 열매는 겨울 내내 달려있다.
- 독립수 · 첨경수로 이용하거나 발코니 부근에 식재할 수 있다.
- 공해에 약하나 뿌리에서 맹아가 발달하고, 건조하고 척박한 토양에서 잘 자라기 때문에 도로변이나 절개지의 토사방지용 식재에 적당하다.
- 줄기가 굽거나 약간 드러누워 자연적인 수형이 아름답다.

비 고

- 밤에는 양쪽의 잎이 포개져서 휴면하는 특성이 있으므로 정원에 심으면 부부사이가 좋아진다하여 합환수(合歡樹)란 이름도 갖고 있다.

배식대상지		형태적특성		생태적특성			
단지입구		잎	호생 우수2회 우상복엽	내한성	중	토성	사질양토
주요지점	△			음양성	양	양분	척박지
주거동 전면	○	꽃	가지 끝에 5~20개 꽃이 산형으로 달림	수분	적윤지 -내건	토양반응	
주거동 주변	◎			공해	약	내조성	
주차장 주변	○	열매	협과 편평한 꼬투리	맹아력	약	성목 : 7m 근계 : 수형 : 평정형	
외곽 녹지	○			이식	곤란		
가로수		수피	흑갈색	내염	강		
절개지	○	질감	고움	생장	매우 빠름		
색깔	꽃	연분홍색 6~7월	열매	갈색 9월	단풍		

아까시나무

과 명 콩과
학 명 *Robinia pseudoacacia*
영 명 Locust

성 상 낙엽활엽교목
적 응 전국
원산지 미국

3-30

아까시나무의 수형

아까시나무의 꽃

꽃아까시나무

배식 참고사항

- 5~6월경에 백색으로 피는 꽃이 아름다우며 향기도 좋고, 중요한 밀원이다.
- 척박한 토양에서도 생육이 잘 되기 때문에 도로변 절개지나 황폐지에 식재하여 좋은 효과를 기대할 수 있으며, 독립수나 녹음수로 이용 가능하나 너무 번식이 왕성하여 다른 수목의 생장을 방해하기 때문에 사용에 주의를 해야 한다.
- 습기가 적당하면 척박한 사질양토나 점토질의 토양에서도 생육이 왕성하다.

비 고

- 꽃아까시나무(*R. hispida*) : 수고 1m 내외의 낙엽활엽관목으로 5~6월경에 피는 연분홍색의 꽃이 아름답다. 심근성으로 생육이 왕성하며 지표면으로부터 맹아지가 많이 발달하기 때문에 식재하여 토양을 안정시키는데 적합하다.

배식대상지		형태적특성		생태적특성			
단지입구		잎	호생 기수1회 우상복엽 소엽은 9~19개	내한성	강	토성	사질양토 점토
주요지점				음양성	중용	양분	척박지
주거동 전면		꽃	총상화서	수분	적윤지	토양반응	
주거동 주변				공해	강	내조성	
주차장 주변		열매	협과 넓은 선형	맹아력	강	성목 : 25m 근계 : 천근성 수형 : 타원형	
외곽 녹지	○			이식	보통		
가로수	○	수피	황갈색	내염	강		
절개지	○	질감	보통	생장	매우 빠름		
색깔	꽃	백색 5월	열매	갈색 9월	단풍	황색	

회화나무

과 명 콩과
학 명 *Sophora japonica*
영 명 Chinese Scholar Tree

성 상 낙엽활엽교목
적 응 전국
원산지 중국

3-31

회화나무의 꽃

단풍

신엽

열매

노목의 수형

배식 참고사항

- 세계적인 조경수종의 하나로서 8월경에 아까시나무처럼 피는 황백색의 꽃이 아름답고 수형도 단정하며 가을에 염주모양으로 달리는 꼬투리가 특이하다.
- 수관의 질감이 섬세하고 녹음의 효과도 좋으며, 병충해 및 공해에 강하여 도시환경에서의 적응력도 높다.
- 녹음수 · 경관수 · 기념수로 사용하면 좋고, 정자목으로 식재되기도 한다.
- 비옥한 사질양토가 적지이지만, 과습하지 않으면 그다지 토양을 가리지 않으며 척박한 토양에서도 잘 견딘다.
- 양지바른 곳에서 생육이 좋다.

비 고

- 학자들이 서당이나 서원에 즐겨 심었기 때문에 학자수라 불리기도 한다.

배식대상지		형태적특성		생태적특성			
단지입구	◎	잎	호생 기수우상복엽 소엽은 7~17개	내한성	강	토성	사질양토
주요지점	○			음양성	중용	양분	비옥지
주거동 전면		꽃	원추화서	수분	적윤지	토양반응	
주거동 주변	○			공해	최강	내조성	
주차장 주변	○	열매	협과 염주모양	맹아력	강	성목 : 25m 근계 : 수형 : 타원형	
외곽 녹지	○			이식	용이		
가로수	○	수피	녹색, 회색의 피목	내염	중		
절개지	○	질감	고움	생장	느림		
색깔	꽃	황백색 8월	열매	황록색 10월	단풍	황색	

쉬나무

과 명 운향과
학 명 *Evodia daniellii*
영 명 Korean Evodia

성 상 낙엽활엽교목
적 응 전국
원산지 한국 · 중국

3-32

쉬나무의 수형

꽃

열매

배식 참고사항

- 전국의 인가 부근에서 자란다.
- 꽃이 귀한 여름에 피는 백색 꽃은 나무 전체를 수놓아 매우 관상 가치가 높고 좋은 밀원이 된다.
- 가을의 적색 열매는 마치 꽃이 핀 것 같으며 새들의 중요한 먹이이다.
- 도시환경에 적응성이 있어 도심내 식재도 가능하며, 발코니 주변에 식재하여도 잘 어울린다.
- 중부 이남 서해안 지방에 적당하고, 중부 내륙지방에서도 잘 자란다.
- 건조한 곳에서 잘 견디며 각종 공해에 강하고 수세가 강건하며 생장이 빠르다.

배식대상지		형태적특성		생태적특성			
단지입구	○	잎	대생 기수1회 우상복엽 소엽은 7~11개	내한성	강	토성	사질양토 점토
주요지점	○			음양성	양	양분	척박지
주거동 전면	△	꽃	취산화서	수분	적윤지	토양반응	
주거동 주변	○			공해	강	내조성	강
주차장 주변	○	열매	삭과 타원형	맹아력	중	성목 : 15m 근계 : 수형 : 평정형	
외곽 녹지	○			이식	보통		
가로수	△	수피	회갈색	내염	강		
절개지		질감	보통	생장	매우 빠름		
색깔	꽃	백색 7~8월	열매	적색 10월	단풍	황색	

가중나무(가죽나무)

과 명 소태나무과
학 명 *Ailanthus altissima*
영 명 Tree of Heaven

성 상 낙엽활엽교목
적 응 전국
원산지 중국

3-33

가중나무의 수형

꽃

열매

배식 참고사항

- 잎은 우상복엽으로 질감이 거칠고 외관은 열대수목을 연상시킨다.
- 공해에 아주 강하고, 내건성이 강하며 척박한 지역에서도 잘 자라기 때문에 도시의 가로수나 녹음수로 적합하며, 염해에도 강하여 바닷가의 식재에도 알맞다.
- 자웅이주로 수꽃은 냄새가 나기 때문에 가능하면 암나무를 식재하는 것이 좋다.
- 속성수이며 토양을 가리지 않고 수분요구도가 낮다.
- 미국 흰불나방의 피해가 심하다.

비 고

- 참중나무(*Cedrela sinensis*) : 가중나무와 모양이 비슷하나 소엽의 밑부분에 돌기가 없으며, 잎에서 양파냄새가 나는 것이 다르다. 잎은 우상복엽으로 규칙적인 배열이 아름답고, 도시환경에서도 잘 견디는 장점이 있어 도시내의 녹음수·독립수로 이용한다. 내한성·내건성이 약하고 양지를 좋아한다.

<table>
<tr><th colspan="2">배식대상지</th><th colspan="2">형태적특성</th><th colspan="4">생태적특성</th></tr>
<tr><td>단지입구</td><td></td><td rowspan="2">잎</td><td rowspan="2">호생
기수1회 우상복엽
소엽은 9~15개</td><td>내한성</td><td>강</td><td>토성</td><td>사질양토</td></tr>
<tr><td>주요지점</td><td></td><td>음양성</td><td>중용</td><td>양분</td><td>척박지</td></tr>
<tr><td>주거동 전면</td><td></td><td rowspan="2">꽃</td><td rowspan="2">이가화
원추화서</td><td>수분</td><td>적윤지
–내건</td><td>토양반응</td><td></td></tr>
<tr><td>주거동 주변</td><td>○</td><td>공해</td><td>강</td><td>내조성</td><td>강</td></tr>
<tr><td>주차장 주변</td><td>○</td><td rowspan="2">열매</td><td rowspan="2">시과
피침형</td><td>맹아력</td><td>강</td><td rowspan="4" colspan="2">성목 : 20m
근계 :
수형 : 원정형</td></tr>
<tr><td>외곽 녹지</td><td>○</td><td>이식</td><td>곤란</td></tr>
<tr><td>가로수</td><td>◎</td><td>수피</td><td>회백색</td><td>내염</td><td>강</td></tr>
<tr><td>절개지</td><td>○</td><td>질감</td><td>보통</td><td>생장</td><td>매우
빠름</td></tr>
<tr><td>색깔</td><td>꽃</td><td>백녹색 6월</td><td>열매</td><td>적갈색 9월</td><td>단풍</td><td colspan="2"></td></tr>
</table>

붉나무

과 명 옻나무과
학 명 *Rhus chinensis*
영 명 True Rhus

성 상 낙엽활엽교목
적 응 전국
원산지 한국 · 일본 · 중국

3-34

붉나무의 단풍

붉나무의 수형

붉나무의 꽃

옻나무

배식 참고사항

- 전국 야산에 자생하고, 가을에 계곡을 빨갛게 물들이는 나무이다.
- 단풍이 유난히 아름다운 나무로, 다른 나무에 비하여 일찍 붉게 물들었다가 노랗게 변한다.
- 옻나무과이나 옻을 탈 염려가 없어 단지내에 심어 자연미를 느낄 수 있다.
- 잎에는 오배자라고 하는 벌레집이 생기는데 약용 및 염료로 쓰이고, 10월에 익는 열매는 시고 짠맛이 드는 백색 껍질로 덮힌다.
- 내음성이 있어 교목림 하부에 군식이 어울리며 혼식 · 기초식재용으로도 이용된다.
- 천근성이나 뿌리가 길어서 이식력이 낮은 편이다.

비 고

- 옻나무(*R. verniciflua*) : 옻나무의 수액을 옻이라 하여 도료 및 약용으로 사용하나 독성이 있어 피부염을 일으킨다.

배식대상지		형태적특성		생태적특성			
단지입구	○	잎	호생 기수1 우상복엽 엽축에 날개 소엽은 7~13개	내한성	강	토성	사질양토
주요지점				음양성	음	양분	척박지
주거동 전면	○	꽃	이가화 원추화서	수분	적윤지	토양반응	
주거동 주변	○			공해	중	내조성	
주차장 주변	○	열매	핵과 편구형	맹아력	중	성목 : 6m 근계 : 천근성 수형 : 원정형	
외곽 녹지	◎			이식	곤란		
가로수		수피	회갈색	내염	중		
절개지	○	질감	거칠음	생장	빠름		
색깔	꽃	황백색 8~9월	열매	황적색 10월	단풍	홍색	

참빗살나무

과 명 노박덩굴과
학 명 *Euonymus sieboldiana*
영 명 Siebold Euonymus

성 상 낙엽활엽교목
적 응 전국
원산지 한국 · 중국 · 일본

3-35

참빗살나무의 열매

수형

단풍

꽃

배식 참고사항

- 우리나라 전역의 산록부나 계곡에서 둥근 수형으로 자라는 나무이다.
- 가을의 붉은색 열매가 온 나무를 빨갛게 덮어 아름다우며, 불타는 듯한 홍색의 단풍이 인상적이다.
- 봄의 새순이 날 때는 새의 부리를 내민것 같아 예쁘다.
- 교목의 하부에 식재하거나 건물 입구에 정형식재용으로 쓰이며, 단식 · 군식한다.
- 생장은 느리나, 뿌리가 천근성으로 잔뿌리가 많아서 이식이 쉽다.
- 전국 어디에서나 잘 생육하고, 건조에도 잘 견디며 해안지방에서도 잘 자란다.

배식대상지		형태적특성		생태적특성			
단지입구	○	잎	대생 피침상 장타원형	내한성	강	토성	사질양토
주요지점				음양성	중용	양분	보통토
주거동 전면	○	꽃	이가화 취산화서	수분	적윤지	토양반응	
주거동 주변	◎			공해	강	내조성	강
주차장 주변	○	열매	삭과 역삼각형 심장형	맹아력	강	성목 : 8m 근계 : 천근성 수형 : 원정형	
외곽 녹지	○			이식	용이		
가로수		수피	녹색	내염	강		
절개지	○	질감	보통	생장	느림		
색깔	꽃	연녹색 5~6월	열매	적색 10월	단풍	황홍색	

중국단풍(삼각단풍)

과 명 단풍나무과
학 명 *Acer buergerianum*
영 명 Trident Maple

성 상 낙엽활엽교목
적 응 중부 · 남부 · 남해안
원산지 중국

중국단풍의 수형

미성숙화

노란 단풍

배식 참고사항

- 잎이 3부분으로 갈라지며 밝은 녹색을 띠는 특색이 있다.
- 가을에 노란색 또는 붉은색으로 물드는 단풍이 아름답고 수형이 단정하여 독립수 · 가로수 등으로 이용하며, 잔디밭 가에 식재하여도 좋고 생울타리로도 이용한다.
- 직간성이고 수피는 오래되면 벗겨지며, 노목은 줄기에 혹이 생긴다.
- 습도가 높고 지나치게 건조하지 않은 곳에서 잘 자란다.
- 이식하기 쉬우나 뿌리가 거칠어 뿌리분을 잘 감아야 하며, 줄기가 햇볕에 타기 쉬우므로 이식후 수간보호를 해주어야 한다.

비 고

- 잎이 단엽이고 얇게 3열로 갈라진다.

배식대상지		형태적특성		생태적특성			
단지입구	○	잎	대생 3열로 갈라짐	내한성	강	토성	사질양토
주요지점	○			음양성	중용	양분	비옥지
주거동 전면		꽃	산방화서	수분	적윤지	토양반응	
주거동 주변	◎			공해	강	내조성	
주차장 주변	○	열매	시과 평행 또는 예각으로 벌어짐	맹아력	강	성목 : 15m 근계 : 수형 : 원정형	
외곽 녹지	○			이식	용이		
가로수	○	수피	황갈색	내염	약		
절개지		질감	보통	생장	보통		
색깔	꽃	담황색 4~5월	열매	갈색 8월	단풍	홍색 · 적색	

신나무

과 명 단풍나무과
학 명 *Acer ginnala*
영 명 Amur Maple

성 상 낙엽활엽교목
적 응 전국
원산지 한국 · 중국 · 일본 3-37

신나무의 단풍

수형

꽃

열매

배식 참고사항

- 전국의 계곡에 흔히 자라는 나무로 가을에 붉게 물드는 단풍이 매혹적이며 미국동부, 중부지방에서 많이 식재한다.
- 수간이 많이 갈라지고 지하고가 낮아서 가로수로는 적당치 않으며, 가지의 밀도가 높아 때로 차폐식재에 사용한다.
- 5월에 황백색으로 피는 꽃은 향기가 강하다.
- 다른 단풍나무류에 비해 공해와 조해에 강하다.
- 교목류의 군식에 곁들여 심으면 한층 더 자연스러운 느낌을 준다.
- 내건성이 약하므로 약간 습기가 있는 비옥한 사질양토나 부식질 양토가 적합하다.

비 고

- 잎이 단엽이며 하단부에서 3열로 갈라진다.

배식대상지		형태적특성		생태적특성			
단지입구		잎	대생 3열로 갈라짐 복예거치 · 광택	내한성	강	토성	사질양토
주요지점				음양성	음	양분	비옥지
주거동 전면		꽃	잡성 복산방화서	수분	적윤	토양반응	
주거동 주변	○			공해	중	내조성	강
주차장 주변	○	열매	시과 평행하거나 합쳐짐.	맹아력	강	성목 : 8m 근계 : 수형 : 원형	
외곽 녹지	◎			이식	용이		
가로수		수피	흑갈색 세로로 갈라짐	내염	중		
절개지		질감	약간 고움	생장	보통		
색깔	꽃	황백색 5월	열매	황록색 9월	단풍	홍색	

단풍나무

과 명 단풍나무과
학 명 *Acer palmatum*
영 명 Maple

성 상 낙엽활엽교목
적 응 전국
원산지 한국 · 중국 · 일본

3-38

단풍나무의 수형

단풍나무의 꽃

홍단풍

내장단풍

단풍나무의 열매

배식 참고사항

- 가을의 홍엽은 물론 사계절 풍취가 있는 동양풍의 나무이다.
- 단풍나무류 중 잎이 가장 좁게 갈라지는 나무로 수형의 단정함과 회갈색 수피가 아름답다.
- 단풍은 붉은색에서 자주빛으로 돈다. 경계식재용으로 쓰이고 요점식재나 군식을 하며, 잔디밭에 단식할 때는 그 아름다움이 더하다.
- 맹아력이 강하여 강전정으로 모양을 내기도 하고, 공해 및 병충해에도 강하다.
- 단풍나무류는 어느 것이나 습도가 높고 너무 건조하지 않은 환경에서 잘 자라며 대체로 중용수로서 약간의 양성을 띠거나 양수로서 약간 내음성을 띠며, 나무 그늘 밑에서도 견딘다.
- 단풍나무류는 여름에 너무 강한 일조를 받으면 가을의 홍엽이 아름답지 못하므로 직사광선이나 석양볕을 직접 받는 곳은 피하도록 해야 한다.

배식대상지		형태적특성		생태적특성			
단지입구	△	잎	대생 원형에 가깝고 5~7개로 갈라짐	내한성	강	토성	사질양토
주요지점	○			음양성	중용	양분	보통토
주거동 전면	○	꽃	잡성 · 일가화 산방화서	수분	적윤지	토양반응	
주거동 주변	◎			공해	강	내조성	
주차장 주변	○	열매	시과 예각 · 둔각으로 벌어짐	맹아력	강	성목 : 10m 근계 : 수형 : 평정형	
외곽 녹지	△			이식	용이		
가로수	△	수피	회갈색	내염	중		
절개지		질감	고움	생장	느림		
색깔	꽃	암홍색 4~5월	열매	갈색 9~10월	단풍	홍색	

세열단풍

세열단풍

당단풍

좁은단풍

비 고

- 홍 단 풍(노무라단풍 ; var. *sanguineum*) : 육종한 나무로 잎이 7~9개로 갈라지고 봄부터 낙엽지기 전까지 항상 붉은 색의 잎을 가지나, 입지조건이나 개체에 따라 녹색 또는 녹자색으로 나타난다. 배경의 수목이 푸른색일 때 더욱 아름답게 보인다.
- 내장단풍(var. *nakai*) : 잎이 9개로 갈라지고 뒷면 맥 사이에 갈색 털이 있으며, 시과가 수평으로 벌어진다.
- 세열단풍(var. *dissectum*) : 잎이 잘게 갈라지는데 7개, 9개 또는 11개로 갈라지는 것이 많다.
- 당 단 풍(*A. pseudo*－*sieboldianum*) : 우리나라 산야에 널리 분포하는 나무로 자연공원에 식재한다. 잎이 9~11개로 갈라지고 시과가 70° 정도로 벌어진다.
- 좁은단풍(var. *koreanum*) : 당단풍의 변종으로 시과가 작고 장타원형이며 평행으로 벌어진다.

네군도단풍

과 명 단풍나무과
학 명 *Acer negundo*
영 명 Ash-leaved Maple

성 상 낙엽활엽교목
적 응 전국
원산지 미국 · 캐나다

네군도단풍의 수형

꽃

열매

배식 참고사항

- 가을의 황금색 단풍으로는 은행나무와 네군도 단풍이 대표적이고, 이른 봄 검붉게 늘어져 피는 꽃도 특이하며, 여름철 녹음도 좋다.
- 단풍나무 중 가장 노랗게 단풍이 들며, 내한성이 강한 수종으로 낙엽이 진 후 녹색의 가지가 아름답다.
- 속성수로 조기녹화에 적당하고 녹음수로 이용가치가 높으며, 폭이 없는 가로에 가로수로 심는다.
- 첨경수 · 경관수 · 녹음수로 사용한다.
- 성장속도가 매우 빠르나 재질이 약하여 풍해나 동해를 받기가 쉽다.
- 흰불나방에 약한 나무이다.

비 고

- 잎은 대생하고 기수우상복엽이며, 소엽은 난형으로 3~5개(때로는 7~9개)이고 결각상으로 갈라지며 거치가 있다.

배식대상지		형태적특성		생태적특성			
단지입구		잎	대생 기수우상복엽	내한성	강	토성	사질양토 점토
주요지점				음양성	양	양분	보통토
주거동 전면		꽃	이가화	수분	적윤지	토양반응	
주거동 주변	○			공해	강	내조성	강
주차장 주변	○	열매	시과 예각으로 벌어짐	맹아력	중	성목 : 20m 근계 : 수형 : 원형	
외곽녹지	◎			이식	보통		
가로수	○	수피	회갈색	내염	강		
절개지	△	질감	거칠음	생장	매우 빠름		
색깔	꽃	황록색 4~5월	열매	갈색 9월	단풍	황색	

낙엽교목

복자기

과 명 단풍나무과
학 명 *Acer triflorum*
영 명 Manchurian Maple

성 상 낙엽활엽교목
적 응 전국
원산지 한국 · 만주

복자기의 단풍

복장나무

꽃

열매

노목의 수형

배식 참고사항

- 깊은 산 수림하에서 자생하는 수목으로 가을에 불타는 듯한 밝은 색 단풍이 아름답고 수형도 양호하다.
- 단풍나무 중 꽃이 아름다운 수종으로 이른 봄에 피는 노란 꽃도 감상의 대상이 되며, 황갈색 수피도 아름답다.
- 흔치 않은 수종이나 육성이 용이한 나무이고 조경수로서 장려할 만하다.
- 단풍나무에 준하여 이용한다.

비 고

- 복장나무(*A. mandshuricum*) : 중부 이북에서 잘 자라는 낙엽활엽 소교목으로 산복부의 습지에서 잘 자라며 내건성이 약하다. 복자기와 유사하나 잎의 표면이 암록색이고 뒷면이 잿빛 인 것이 특이하다.

배식대상지		형태적특성		생태적특성			
단지입구		잎	대생 소엽은 3개의 타원상 피침형	내한성	강	토성	사질양토
주요지점				음양성	음	양분	보통토
주거동 전면		꽃	산방화서 가지 끝에 3개씩 핌	수분	적윤지 -내건	토양반응	
주거동 주변	○			공해	보통	내조성	
주차장 주변	○	열매	시과 예각 · 둔각 으로 벌어짐	맹아력	중	성목 : 15m 근계 : 수형 : 원정형	
외곽 녹지	◎			이식	용이		
가로수		수피	황갈색	내염	약		
절개지		질감	고움	생장	느림		
색깔	꽃	황백색 4월	열매	회백색 10월	단풍	홍황색	

은단풍

과 명 단풍나무과
학 명 *Acer saccharinum*
영 명 Silver Maple

성 상 낙엽활엽교목
적 응 전국
원산지 미국

3-41

은단풍의 단풍

수형

꽃

열매

배식 참고사항

- 미국원산의 대교목으로 잎의 뒷면에 은색털이 있어 은단풍이라 한다.
- 단풍의 색이 붉은색 · 노란색 · 갈색 등 다양하게 물들어 아름답다.
- 속성수이며 양수로서 맹아력이 강하고, 대단위 녹지공간에 적당하며 동주변이나 도시내 가로수로는 별로 좋지않다.
- 토양중 공기 유통이 잘 되는 곳에서 생장이 특히 빠르다.
- 맹아력이 약한 편이고 줄기에 상처가 생기면 썩기 쉬우므로 강전정은 좋지 않다.

배식대상지		형태적특성		생태적특성			
단지입구		잎	대생 · 원형 5열로 깊이 갈라짐	내한성	강	토성	사질양토
주요지점				음양성	양	양분	보통토
주거동 전면		꽃	잡성화	수분	적윤지	토양반응	산성토양
주거동 주변				공해	중	내조성	
주차장 주변	○	열매	시과 직각으로 벌어짐	맹아력	중	성목 : 40m 근계 : 수형 : 원형 · 난형	
외곽 녹지	◎			이식	곤란		
가로수	△	수피	회갈색	내염	약		
절개지		질감	고운	생장	매우 빠름		
색깔	꽃	황녹색·적색 3~4월	열매	4~5월	단풍	홍색 등 다양	

노르웨이단풍의 수형

노르웨이 단풍

설탕단풍

설탕단풍의 수형

비 고

- 설탕단풍(*A. saccharum*) : 은단풍과 비교하여 잎이 3~5개로 갈라지고 장상이며, 잎의 뒷면은 연한 녹색이다.
- 노르웨이단풍(*A. platanoides*) : 프라타나스의 잎같이 생겼고, 가을에 잎이 황색으로 물든다.

칠엽수

과 명 칠엽수과
학 명 *Aesculus turbinata*
영 명 Horse Chestnut

성 상 낙엽활엽교목
적 응 전국
원산지 일본

3-42

칠엽수의 수형

칠엽수의 단풍

칠엽수의 꽃

붉은꽃칠엽수(*A. pavia* 'Rubra')

마로니에

배식 참고사항

- 중부 이남에서 식재하고 있는 나무로 수형이 웅대하고 화려하며, 장상복엽의 넓은 잎이 남국의 경관을 자아낸다.
- 공해·병충해에도 강하여 녹음수·가로수로 기대되는 나무이다.
- 잎이 어려서는 3~5개 밖에 안되지만, 커서는 길이 30cm 장상복엽으로 5~7개의 소엽으로 이루어지며, 가을에 단풍이 노랗게 들어 아름답다.
- 길이 15~25cm의 분홍색을 띤 백색의 꽃은 아름답고 밀원이 된다.
- 지름 5cm의 커다란 밤과 같은 열매가 9~10월경에 갈색으로 성숙하면서 벌어지는데, 말밤이라 하고 식용하며 관상가치가 있다.
- 생장속도가 어릴 때는 비교적 더딘 편이나 오래될 수록 빨라진다.

비 고

- 마로니에(*A. hippocastanum*) : 꽃의 색이 백색으로 기부에 황색 또는 적색반점이 있는 것과 분홍색이 있다. 열매의 표면에 가시가 있다.

배식대상지		형태적특성		생태적특성			
단지입구	○	잎	호생 장상복엽 소엽은 5~7개	내한성	강	토성	사질양토
주요지점	◎			음양성	음→양	양분	비옥지
주거동 전면		꽃	잡성화 원추화서	수분	적윤지-내건	토양반응	
주거동 주변	○			공해	중	내조성	
주차장 주변	○	열매	견과 구형 3개로 갈라짐	맹아력	약	성목 : 30m 근계 : 심근성 수형 : 역삼각형	
외곽 녹지	△			이식	용이		
가로수	○	수피	흑갈색	내염	중		
절개지		질감	보통	생장	느림→빠름		
색깔	꽃	홍백색 5~6월	열매	갈색 9~10월	단풍	황색	

피나무(달피나무)

과 명 피나무과
학 명 *Tilia amurensis*
영 명 Amur Linden

성 상 낙엽활엽교목
적 응 전국
원산지 한국 · 중국

3-43

피나무의 꽃

구주피나무

염주나무

피나무의 수형

배식 참고사항

- 광란형의 수관형태와 호생하는 심장형의 잎이 아름다우며 꽃대 중간에 달리는 포가 특이하다.
- 6월에 피는 담황색의 꽃은 향기가 강하고 밀원이 되며, 꽃으로 만든 차는 맛이 좋다.
- 잎이 보리수나무와 흡사하며, 염주나무와 함께 사찰에 많이 식재된다.
- 전정이 가능하며 가로수 · 녹음수 등에 적합하고 배식은 단식 · 혼식 · 군식 등 모두 어울린다.

비 고

- 구주피나무(*T. kiusiana*) : 7월에 20여개의 꽃이 밑으로 쳐져서 피는 황백색 꽃은 은은한 멋이 있고, 향기가 좋으며 대표적인 밀원이다.
- 염주나무(*T. megaphylla*) : 중부 · 북부가 생육지역으로 잎이 피나무에 비하여 3배 가량 크고, 과경 하나에 3~9개 달리는 종자는 염주로 사용한다.

배식대상지		형태적특성		생태적특성			
단지입구		잎	호생 광란형	내한성	강	토성	사질양토
주요지점				음양성	중용	양분	비옥지
주거동 전면		꽃	산방화서 3~20개씩 달림	수분	적윤지	토양반응	
주거동 주변	○			공해	중	내조성	강
주차장 주변	○	열매	견과 구형 · 장란형	맹아력	중	성목 : 20m 근계 : 수형 : 원형 · 난형	
외곽 녹지	◎			이식	용이		
가로수	○	수피	황갈색	내염	강		
절개지		질감	보통	생장	보통		
색깔	꽃	담황색 6~7월	열매	백색 · 갈색 9~10월	단풍	황색	

벽오동

과 명 벽오동과
학 명 *Firmiana simplex*
영 명 Chinese Parasol Tree

성 상 낙엽활엽교목
적 응 중부 · 남부
원산지 중국

3-44

벽오동의 수형

꽃

열매

배식 참고사항

- 잎은 오동나무와 유사하나 줄기가 녹색이며, 오동나무와는 전혀 다른 성질을 가지고 있다.
- 수간이나 가지는 녹색으로 평활하며, 성장함에 따라 회백색으로 변한다.
- 잎 · 수피 · 여름의 꽃 · 열매 등이 조경가치가 있고, 열매는 꼬투리로 된 삭과로 성숙전에 갈라져 완두콩 같은 종자를 맺으며, 볶아서 커피 대용으로 이용할 수 있다.
- 비옥적윤한 사질양토에서 잘 생육한다.
- 녹음수로 적합하며, 각종 공해에 강해 가로수 등 도심지 식재에 적합하고 단식 · 군식 모두 어울린다.
- 여름철 직사광선이나 겨울철 저온에 의하여 수피가 변색되거나 갈라지므로 서향 식재는 가급적 피하는 것이 좋다.

배식대상지		형태적특성		생태적특성			
단지입구		잎	호생, 가지끝에 서는 총생 3~5열로 갈라짐	내한성	중	토성	사질양토
주요지점				음양성	중용	양분	비옥지
주거동 전면		꽃	일가화 길이 25~50cm	수분	적윤지	토양반응	
주거동 주변	○			공해	중	내조성	
주차장 주변	○	열매	5개의 분과 완두콩 같은 종자	맹아력	중	성목 : 15m 근계 : 심근성 수형 : 원형	
외곽 녹지	○			이식	곤란		
가로수	○	수피	녹색→회백색	내염	강		
절개지		질감	보통	생장	매우 빠름		
색깔	꽃	담황색 7월	열매	갈색 10월	단풍	황색	

노각나무

과 명 차나무과
학 명 *Stewartia koreana*
영 명 Korean Stewartia

성 상 낙엽활엽교목
적 응 중부 · 남부
원산지 한국

노각나무의 수형

꽃

단풍

배식 참고사항

- 아름다운 꽃과 황색의 단풍, 비단같은 수피를 감상하기 위하여 식재한다.
- 가지의 배열이 단정하여 수형이 아름답고, 수피는 흑적갈색으로 수령이 오래 될수록 배롱나무와 유사하게 얼룩지며 매끈해진다.
- 여름에 잎 겨드랑이에서 피는 동백꽃처럼 생긴 백색 꽃이 아름답고, 전정에도 잘 견뎌 화목으로 개발 육성하여야 할 나무이다.
- 높은 비옥도와 적습을 요구하므로 식재시 입지선택이 중요하며, 뿌리는 찬 것을 좋아하므로 바위 옆 · 수림하에 식재하는 것이 좋다.
- 배식은 첨식 · 단식이 좋으며, 하목 · 첨경목으로 어울린다.
- 뿌리가 거칠어 뿌리분을 크게 떠야하며, 줄기가 햇볕에 상하기 쉬우므로 입지선택을 잘하여야 한다.

비 고

- 꽃잎의 수는 5~6개이며, 가장자리가 파상이다
- 세계에 7종이 있는데 우리나라 것이 가장 아름답다.

배식대상지		형태적특성		생태적특성			
단지입구		잎	호생 타원형·광타원형 거치	내한성	강	토성	사질양토
주요지점	○			음양성	음	양분	비옥지
주거동 전면	○	꽃	양성화 액생	수분	적윤지	토양반응	
주거동 주변	○			공해	강	내조성	
주차장 주변	○	열매	삭과 오각형의 송곳 모양	맹아력	강	성목 : 7~15m 근계 : 수형 : 원형 · 난형	
외곽 녹지	○			이식	용이		
가로수		수피	흑적갈색	내염	중		
절개지		질감	보통	생장	보통		
색깔	꽃	백색 6~7월	열매	10월	단풍	황색	

위성류

과 명 위성류과
학 명 *Tamarix chinensis*
영 명 Tamarix

성 상 낙엽활엽교목
적 응 전국
원산지 중국

3-46

위성류의 수형

꽃

잎

배식 참고사항

- 침엽수와 같이 가늘고 잔잔한 잎은 부드러운 침형이고, 백록색 및 회록색을 띠며, 가을에 황색 단풍이 든다.
- 초여름과 가을에 두 번 개화하는데, 초여름에 개화하여 여름이 가도록 피는 담홍색 꽃이 아름답다.
- 가지가 밑으로 처지고, 물가를 좋아하며 물과 조화를 잘 이루어 연못가의 풍치목으로 이용된다.
- 대부분 독립수로 심지만 물가에 군식하여도 조화가 잘된다.
- 첨경수·장식수·매립지 녹화수로 사용하며 조해에 강하여 해안 지역의 식재에 최적격이다.
- 내한성이 매우 강하고, 맹아력은 어느정도 있으나 강전정에는 약하다.
- 그늘과 건조가 심한 곳에서는 생육이 좋지 않다.

배식대상지		형태적특성		생태적특성			
단지입구		잎	호생 가늘고 부드러운 침형	내한성	강	토성	사질양토
주요지점	○			음양성	양	양분	보통토
주거동 전면	○	꽃	총상화서 1년에 2번 개화	수분	적윤지	토양반응	
주거동 주변				공해	강	내조성	강
주차장 주변		열매	삭과 종자에 긴털	맹아력	강	성목 : 5m 근계 : 천근성 수형 : 원정형	
외곽 녹지	○			이식	용이		
가로수		수피	흑갈색, 갈라짐	내염	강		
절개지		질감	고움	생장	느림		
색깔	꽃	담홍색 5월과 8월	열매	10월	단풍	황색	

낙엽교목

석류나무

과 명 석류과
학 명 *Punica granatum*
영 명 Pomegranate Tree

성 상 낙엽활엽교목
적 응 남부 이남
원산지 지중해연안

3-47

석류나무의 꽃

수형

열매(석류)

단풍

배식 참고사항

- 옛부터 마당이나 뜰에 많이 심던 가정과수로 초여름에 피는 진한 주홍색 꽃과 가을에 익어 벌어지는 홍황색의 열매가 매혹적이다.
- 수관은 부정형이고 지조가 밀생하며 사간형으로 자라기 쉽다.
- 수피는 평활하나 노목이 되면 혹이 생겨나고 비비꼬이는 경향이 있어 특이하다.
- 잎이 늦어 4월 하순이 되어야 나온다.
- 해변가에서도 잘 자란다.
- 열매는 식용・약용으로 사용한다.
- 경관수나 첨경수로 쓰이고 보통 단식한다.
- 천근성이고 세근이 많아 쉽게 이식할 수 있으며, 어린나무의 경우에는 잎을 훑어 주면 여름에도 심을 수 있다.

배식대상지		형태적특성		생태적특성			
단지입구		잎	대생 장타원형	내한성	중	토성	사질양토
주요지점	○			음양성	양	양분	비옥지
주거동 전면	◎	꽃	양성화 종모양 가지 끝에 1~5개씩 달림	수분	적윤지	토양반응	
주거동 주변	○			공해	중	내조성	강
주차장 주변	○	열매	구형	맹아력	강	성목 : 10m 근계 : 천근성 수형 : 부정형	
외곽 녹지				이식	용이		
가로수		수피	회갈색	내염	강		
절개지		질감	보통	생장	느림		
색깔	꽃	주홍색 5~6월	열매	홍황색 9~10월	단풍	황색	

배롱나무(목백일홍)

과 명 부처꽃과
학 명 *Lagerstroemia indica*
영 명 Common Crapemyrtle

성 상 낙엽활엽교목
적 응 중부 이남
원산지 한국 · 중국

3-48

배롱나무의 꽃

수형

열매

단풍

배식 참고사항

- 중부 이남의 사찰 및 인가 부근에 관상용으로 식재한다.
- 7월에 개화하여 9월까지 100일 이상 계속되는 붉은 꽃, 잔잔한 가지의 배열, 모과나무나 노각나무와 같이 얼룩진 수피가 아름답다.
- 수피는 평활하고 매끈하며 벗겨진 자리는 백색이고, 소지에 붉은 빛이 도는 점도 특이하다.
- 사찰 경내에 많이 심고 있고, 잔디밭에도 어울린다. 전통정원에서도 흔히 볼 수 있으며 최근에는 원예종이 많이 보급되어 꽃색이 다양해졌다.
- 군식 · 단식이 어울리며 차폐식재 · 생울타리 · 가로수로도 간혹 이용된다.
- 충남 이북에서는 수피에 방한조치를 하지 않으면 고사할 우려가 있다.
- 줄기가 햇볕에 상하기 쉬우므로 수간보호를 하여야 한다.

배식대상지		형태적특성		생태적특성			
단지입구	○	잎	대생 타원형	내한성	중	토성	사질양토
주요지점	◎			음양성	양	양분	비옥지
주거동 전면	○	꽃	양성화 원추화서	수분	적윤지	토양반응	
주거동 주변	○			공해	중	내조성	강
주차장 주변	○	열매	삭과 광타원형	맹아력	중	성목 : 5m 근계 : 수형 : 평정형	
외곽 녹지	△			이식	용이		
가로수	△	수피	홍갈색, 얼룩짐	내염	강		
절개지		질감	고움	생장	빠름		
색깔	꽃	홍색 7~9월	열매	10월	단풍	황홍색	

흰배롱나무의 꽃

흰배롱나무

배롱나무의 수간

자색 꽃

비 고

• 흰배롱나무('Alba') : 꽃이 백색이다.

층층나무

과 명 층층나무과
학 명 *Cornus controversa*
영 명 Giant Dogwood

성 상 낙엽활엽교목
적 응 전국
원산지 한국 · 중국 · 일본

3-49

층층나무의 꽃

수형

열매

단풍

배식 참고사항

- 줄기의 배열이 질서정연하여 층층나무라 한다.
- 5월에 무리지어 피는 백색꽃은 밀원이 되며, 9월에 홍색에서 흑색으로 익는 열매가 아름답다.
- 수피가 회갈색으로 세로로 얕게 홈이 터지고, 가지는 계단상으로 윤생하여 층을 형성하며 수평으로 퍼진다.
- 내한성이 강하여 전국 어디에서나 생육이 가능하며, 속성수로서 수관이 넓게 자라기 때문에 넓은 공간에 식재하는 것이 좋다.
- 가로수 · 녹음수로 적합하며, 배식은 단식 · 혼식 · 열식이 좋다.
- 뿌리가 거칠기 때문에 활착이 다소 어려우나 일단 활착하면 잘 자란다.

비 고

- 잎이 산수유의 잎과 흡사하며 호생하는 점이 다르다.

배식대상지		형태적특성		생태적특성			
단지입구		잎	호생 광타원형	내한성	강	토성	사질양토
주요지점	○			음양성	중용	양분	비옥지
주거동 전면		꽃	산방화서 가지 끝에 달림	수분	적윤지	토양반응	
주거동 주변	○			공해	약	내조성	약
주차장 주변	△	열매	핵과 구형	맹아력	강	성목 : 20m 근계 : 심근성 수형 : 우산형	
외곽 녹지	○			이식	보통		
가로수	○	수피	회갈색	내염	약		
절개지		질감	보통	생장	매우 빠름		
색깔	꽃	백색 5월	열매	홍색→흑색 9월	단풍	홍적색	

말채나무

과 명 층층나무과
학 명 *Cornus walteri*
영 명 Korean Dogwood

성 상 낙엽활엽교목
적 응 전국
원산지 한국 · 중국

3-50

말채나무의 꽃

열매

수형

곰의 말채나무

곰의 말채나무

배식 참고사항

- 수피의 무늬가 뚜렷한 것이 특징이며, 오래된 줄기는 감나무의 수피와 같이 그물처럼 갈라진다.
- 6월에 피는 백색 꽃과 9월에 흑색으로 익는 열매가 아름답다.
- 공원에 식재하면 좋고, 특히 공해에 강하여 도심내 근린공원 등에 적당하다.

비 고

- 곰의말채나무(*C. macrophylla*) : 중부 이남의 산록에 자생하는 낙엽활엽교목으로 높이가 15m에 달한다. 잎은 대생하고, 잎의 측맥이 6~10쌍으로 말채나무의 4~5쌍보다 많다. 수피는 회갈색으로 불규칙하게 세로방향으로 갈라져서 감나무 수피와 비슷하다. 꽃은 7~8월에 가지 끝의 산형화서에 황백색으로 피고, 열매는 둥글며 10월에 짙은 푸른색으로 익는다. 바닷가 및 도심지에서도 잘 자란다.

배식대상지		형태적특성		생태적특성			
단지입구		잎	호생 광란형	내한성	강	토성	사질양토
주요지점				음양성	중용	양분	비옥지
주거동 전면		꽃	취산화서 가지 끝에 달림 꽃잎이 피침형	수 분	적윤지	토양반응	
주거동 주변	○			공 해	중	내조성	강
주차장 주변	○	열매	핵과 구형	맹아력	강	성목 : 10m 근계 : 수형 : 원정형	
외곽 녹지	○			이 식	곤란		
가 로 수	○	수피	흑갈색, 박피	내 염	강		
절 개 지		질감	거칠음	생 장	느림		
색 깔	꽃	백색 6월	열매	적색 9~10월	단풍		

산딸나무

과 명 층층나무과
학 명 *Cornus kousa*
영 명 Kousa Dogwood

성 상 낙엽활엽교목
적 응 중부 이남
원산지 한국 · 중국 · 일본

3-51

산딸나무의 수형

꽃산딸나무

꽃

열매

단풍

배식 참고사항

- 중부 이남의 북향쪽에서 자생하는 수종으로 5~6월의 백색 꽃과 가을의 딸기 같은 열매가 아름답다.
- 가지가 수평으로 퍼지고, 수피는 껍질이 벗겨져 모과나무와 같이 매끈하고 아름답다.
- 첨경수로 사용하여도 좋고, 건물 주변에 식재하여도 좋다
- 공해에 강하여 가로수로서의 개발도 기대되는 나무이다.
- 건조한 곳에서는 생장이 불량하다.

비 고

- 꽃산딸나무(*C. florida*) : 북미원산의 화목으로 수고 5m에 달하는 관목 또는 소교목이다. 4~5월에 분홍꽃은 잎보다 먼저 피고 열매는 주홍색이다. 중용수로서 약간 그늘진 곳을 좋아하고, 생장은 다소 느린 편이나 토양을 가리지 않으며 습지에도 견딘다.

배식대상지		형태적특성		생태적특성			
단지입구		잎	대생 난원형	내한성	강	토성	사질양토
주요지점				음양성	음	양분	비옥지
주거동 전면	◎	꽃	두상화서 정생	수 분	적윤지	토양반응	
주거동 주변	○			공 해	중	내조성	
주차장 주변	○	열매	취합핵과 구형	맹아력	강	성목 : 10m 근계 : 수형 : 평정형	
외곽 녹지	○			이 식	용이		
가 로 수	△	수피	홍갈색, 박피	내 염	약		
절 개 지		질감	거침	생 장	빠름		
색 깔	꽃	백색 5~6월	열매	적색 9~10월	단풍	홍색	

산수유

과 명 층층나무과
학 명 *Cornus officinalis*
영 명 Japanese Cornel Dogwood

성 상 낙엽활엽교목
적 응 경기도 이남
원산지 한국 · 중국

3-52

산수유의 꽃

수형

열매

단풍

배식 참고사항

- 이른 봄에 20~30개의 노란 꽃이 가지끝에 뭉쳐 피며 풍년화와 함께 제일 먼저 봄을 알린다.
- 경기도 광릉에 자생지가 있다.
- 잎은 대생하고 엽맥이 뚜렷하다. 가지가 수평으로 퍼지며, 수피는 회갈색으로 껍질이 벗겨져 나가 특이하다.
- 여름철에 결실하는 빨간 열매는 광택이 있어 아름답고 10월에 익으며 식용 · 약용한다.
- 첨경수 · 독립수로 이용하고, 단식 · 군식 모두 아름답다.
- 내한성은 강하나 공해에는 비교적 약하며, 양지 바른 곳에서 잘 자라나 음지에서도 개화 결실한다.

배식대상지		형태적특성		생태적특성			
단지입구		잎	대생 장타원형 측맥	내한성	강	토성	사질양토
주요지점				음양성	양	양분	비옥지
주거동 전면	◎	꽃	양성화 산형화서 20~30개씩 뭉쳐핌	수분	적윤지	토양반응	
주거동 주변	○			공해	약	내조성	
주차장 주변	○	열매	장과 장타원형	맹아력	강	성목 : 7m 근계 : 수형 : 우산형	
외곽 녹지	○			이식	보통		
가로수		수피	회갈색, 박피	내염	약		
절개지		질감	거칠음	생장	빠름		
색깔	꽃	황색 3~4월	열매	적색 10월	단풍	홍색	

낙엽교목

감나무

과 명 감나무과
학 명 *Diospyros kaki*
영 명 Persimmon

성 상 낙엽활엽교목
적 응 경기도 이남
원산지 한국 · 중국 · 일본

3-53

감나무의 열매(감)

꽃

단풍

수형

배식 참고사항

- 경기도 이남에서 주로 인가 부근에 과수용으로 식재하고 있다.
- 낙엽이 진 후 진황색 · 홍황색 감이 달리는 감나무의 모습은 우리나라 조경수목의 대표로 꼽을 만큼 아름답다.
- 넓은 광택이 있는 잎, 굴곡이 있는 줄기, 자연스런 수형은 아름다움을 더해준다.
- 단지 내는 물론 공원 등에 녹음수 · 경관수로 이용하며, 단식 · 군식 모두 아름답다.
- 양지에서 잘 자라고 내한성은 서울 지역 정도의 추위에 견디며, 비교적 양분 · 수분의 요구도가 높다.
- 직근성이기 때문에 이식이 다소 어려우며, 추운 지방에서는 가을 식재를 피하여야 한다.

배식대상지		형태적특성		생태적특성			
단지입구	○	잎	호생 타원형 혁질 · 광택	내한성	강	토성	사질양토
주요지점	○			음양성	양	양분	비옥지
주거동 전면	◎	꽃	취산화서	수분	적윤지	토양반응	
주거동 주변	○			공해	중	내조성	
주차장 주변	○	열매	핵과 편구형	맹아력	약	성목 : 15m 근계 : 직근성 수형 : 원정형	
외곽 녹지	○			이식	곤란		
가로수	△	수피	회흑갈색, 코르크화	내염	강		
절개지		질감	고움	생장	느림		
색깔	꽃	황백색 5~6월	열매	황홍색 10월	단풍	홍황색	

때죽나무

과 명 때죽나무과
학 명 *Styrax japonica*
영 명 Japanese snowbell

성 상 낙엽활엽교목
적 응 황해도 이남
원산지 한국 · 중국 · 일본

3-54

때죽나무의 꽃

수형

열매

단풍

배식 참고사항

- 5~6월에 나무 전체에 흰초롱과 같이 달리는 꽃이 매우 아름다우며, 우리나라 각처의 산야에서 볼 수 있다.
- 7월경부터 파란 열매가 종모양으로 늘어져 달리는데, 9월에 갈색으로 성숙한다.
- 열매나 꽃의 모양이 종과 같다 하여 영명으로 Snowbell이라 하고, 외국에서는 가로수로도 많이 이용한다.
- 대교목의 하목으로 쓸 수 있으며 경관수 · 첨경수 등으로 이용된다.
- 건조에는 다소 약하나 내한성 · 내조성 · 병충해에 강하여 환경 적응력이 높은 나무이다.

비 고

- 덜 익은 열매에는 독성이 있어서 시골에서는 물고기를 잡는데 이용한다.

배식대상지		형태적특성		생태적특성			
단지입구		잎	호생 타원형	내한성	강	토성	사질양토
주요지점				음양성	양	양분	척박지
주거동 전면		꽃	양성화 총상화서 2~5개씩 뭉쳐핌	수분	적윤지	토양반응	
주거동 주변				공해	강	내조성	강
주차장 주변	○	열매	핵과 구형, 난원형 종모양으로 늘어짐	맹아력	중	성목 : 10m 근계 : 수형 : 원정형	
외곽 녹지	◎			이식	보통		
가로수	△	수피	흑갈색, 박피	내염	강		
절개지	○	질감	거칠음	생장	느림		
색깔	꽃	백색 5~6월	열매	갈색 9월	단풍	황색	

쪽동백

과 명 때죽나무과
학 명 *Styrax obassia*
영 명 Fragrant Snowbell

성 상 낙엽활엽교목
적 응 전국
원산지 한국 · 일본

쪽동백의 꽃

열매

단풍

수형

배식 참고사항

- 잎이 넓고 커서 남국적인 향취가 나며 녹음효과도 크다.
- 5월에 꼬리모양으로 늘어져 피는 백색 꽃은 야성적인 미가 있으며, 다갈색의 수피 또한 미려한 멋이 있다.
- 전국 산야의 비옥 적윤지에서 자생하는 나무로 내건성이 약하여 다소 습한 곳에서 잘 자라며, 해풍 · 각종 공해 및 병충해에 강하여 바닷가와 도심지 식재도 가능하다.
- 경관수 · 녹음수 · 첨경수로 이용된다.

비 고

- 줄기는 때죽나무와 비슷하지만 좀 더 검은색이 나며 줄기에 굴곡이 생긴다.
- 끝이 네 개로 갈라진 통꽃이 10~20cm의 총상화서에 20송이 내외로 달려 이삭같이 늘어져 핀다.

배식대상지		형태적특성		생태적특성			
단지입구		잎	호생 타원형	내한성	강	토성	사질양토
주요지점				음양성	중용	양분	보통토
주거동 전면	○	꽃	양성화 총상화서	수분	적윤지	토양반응	
주거동 주변	◎			공해	강	내조성	강
주차장 주변	○	열매	핵과 타원형 방울모양	맹아력	중	성목 : 10m 근계 : 수형 : 평정형	
외곽 녹지	○			이식	곤란		
가로수	△	수피	다갈색	내염	중		
절개지		질감	고움	생장	빠름		
색깔	꽃	백색 5~6월	열매	회록색 9월	단풍	황색	

낙엽교목

꽃개오동(미국개오동)

과 명 능소화과
학 명 *Catalpa bignonioides*
영 명 Common Catalpa

성 상 낙엽활엽교목
적 응 전국
원산지 미국

3-56

꽃개오동의 꽃

꽃개오동

꽃개오동의 수형

꽃개오동의 열매

꽃개오동의 단풍

배식 참고사항

- 미국원산으로 오동나무와 수형이 비슷하며, 6~7월에 피는 황백색의 꽃이 아름답고 밀원이 된다. 가을에 젓가락 같이 긴 열매가 달려 특이하다.
- 꽃이 수가 많고 크며, 꽃잎이 백색 또는 유백색으로 목부분에 황색 줄무늬와 자색 반점이 있다.
- 양수로 생장이 빨라 조기녹화에 이용하고, 도시녹화에도 적합하다.

비 고

- 개오동나무(*C. ovata*) : 중국원산으로 중부이북 산야에 식재하고 있다. 내한성이 매우 강하고 내공해성 · 내조성 및 맹아력도 강한 편이며, 이식이 용이하다. 잎이 오동나무와 비슷하여 붙여진 이름으로 6월에 피는 황백색 꽃이 아름답고 밀원이 된다.
- *C. speciosa* : 미국 중부산으로 잎이 개오동 보다 크고, 꽃과 열매도 대형이며 백색 · 황색 · 담홍색의 꽃이 있다. 꽃받침이 자홍색이며 꽃이 개오동나무류 중에서 가장 아름답다.

배식대상지		형태적특성		생태적특성			
단지입구		잎	대생, 윤생 난상타원형	내한성	강	토성	사질양토
주요지점				음양성	양	양분	비옥지
주거동 전면		꽃	원추화서 종모양	수분	적윤지	토양반응	
주거동 주변	◎			공해	중	내조성	
주차장 주변	○	열매	삭과 길이 20~40cm	맹아력	중	성목 : 30m 근계 : 직근성 수형 : 원형	
외곽 녹지	○			이식	용이		
가로수	△	수피		내염			
절개지		질감	거칠음	생장	빠름		
색깔	꽃	황백색 6~7월	열매	각색 10월	단풍	황색	

모감주나무

과 명 무환자나무과
학 명 *Koelreuteria paniculata*
영 명 Golden Rain Tree

성 상 낙엽활엽교목
적 응 전국
원산지 한국 · 중국

3-57

모감주나무의 꽃

수형

열매

단풍

배식 참고사항

- 안면도를 비롯하여 서해안에 많이 자생하는 수종으로 6~8월에 수수이삭과 같은 황금색 꽃이 피면 20~30일간 유지되고 화려한 느낌을 주어, 꽃이 흔하지 않은 한여름에 꽃을 감상할 수 있다.
- 꽃이 진 후 황색의 꽈리같은 열매가 열리며, 종자는 스님들이 염주를 만들어 사용한다.
- 꽃 · 잎 · 열매 뿐만아니라 가을의 단풍이 진한 황색 · 적색으로 다양하게 물들어 아름답고, 식재후 2년이면 개화하여 조기에 조경효과를 나타낼 수 있다.
- 해안 조경에도 필요한 나무이고, 양지에서 잘 자라며 공해에도 강하여 도심지 가로변 · 공원 녹지대 등에 식재하고, 사찰에도 식재한다.
- 경관수 · 상목으로 사용하면 좋고, 관목성인 것이 많아 군식이 더욱 어울린다.

배식대상지		형태적특성		생태적특성			
단지입구		잎	호생 기수우상복엽 소엽 7~15개	내한성	강	토성	사질양토 점토
주요지점				음양성	양	양분	척박지
주거동 전면	○	꽃	원추화서 가지 끝에 길이 25~35cm	수분	적윤지 −내건	토양반응	
주거동 주변	◎			공해	강	내조성	강
주차장 주변	○	열매	삭과 꽈리형	맹아력	중	성목 : 15m 근계 : 수형 : 원형 · 난형	
외곽 녹지	○			이식	용이		
가로수	△	수피	회갈색	내염	강		
절개지	○	질감	거칠음	생장	매우 빠름		
색깔	꽃	황색 6~8월	열매	흑갈색 10월	단풍	황색 · 적색	

대추나무

과 명	갈매나무과	**성 상**	낙엽활엽교목
학 명	*Zizyphus jujuba* var. *inermis*	**적 응**	전국
영 명	jujuba	**원산지**	한국 · 중국 · 일본

3-58

대추나무의 수형

갯대추의 열매

대추나무의 꽃

배식 참고사항

- 우리나라 정원에 흔히 심는 나무로 광택이 있는 부드러운 잎과 늘어지는 가지, 흑갈색의 수피가 특징이며, 가을에 결실하는 붉은색 열매가 아름답다.
- 과수로도 식재하고 첨경수로 사용하면 좋다.
- 배수가 양호한 땅을 좋아하고, 내건성이 강하며 공해에도 웬만큼 견디어 도심에도 식재가 가능하다.
- 잎이 늦게 나오기 때문에 양반나무라고 부르기도 한다.

비 고

- 묏대추(*Z. jujuba*) : 탁엽이 가시로 변화하고, 내음성이 약하다.
- 갯대추(*Paliurus ramosissimus*) : 제주도 남쪽 바닷가에서 자라는 낙엽활엽관목으로 높이 2~3m 에 달한다. 열매가 반구형으로 끝이 3개로 갈라져서 날개가 되고, 백갈색 복모로 덮여 있는 건과로 9~10월에 익는다. 멸종위기에 있는 식물이다.

배식대상지		형태적특성		생태적특성			
단지입구		잎	호생, 난형 · 광택 둔한 거치	내한성	강	토성	사질양토
주요지점				음양성	중용	양분	비옥지
주거동 전면	◎	꽃	양성화 취산화서에 2~3개씩 달림	수분	적윤지	토양반응	
주거동 주변	○			공해	중	내조성	약
주차장 주변	○	열매	핵과 타원형	맹아력	강	성목 : 8m 근계 : 수형 : 타원형	
외곽녹지	○			이식	보통		
가로수		수피	흑갈색	내염	강		
절개지		질감	보통	생장	빠름		
색깔	꽃	연녹색 5~6월	열매	적갈색 9~10월	단풍		

이팝나무

과 명 물푸레나무과
학 명 *Chionanthus retusa*
영 명 Chinese Fringe Tree

성 상 낙엽활엽교목
적 응 경기도 이남
원산지 한국 · 중국 · 일본

3-59

이팝나무의 개화상태

꽃

단풍

수형

배식 참고사항

- 세계적인 희귀종으로 중부 이남에 자생하며, 5~6월경에 흰 꽃이 나무 전체에 눈같이 덮이며, 은은한 향기가 멀리까지 퍼진다.
- 새 가지에 수수이삭 같이 달리는 꽃은 약 20일 정도 유지되고, 줄기의 표피가 벗겨져 아름답다.
- 가을의 노란 단풍과 겨울까지 달려있는 보랏빛 열매, 그리고 수형도 아름다워 조경수로서 대단히 기대되는 화목이다.
- 가로수 · 경관수 등으로 좋은 나무이고, 상목으로 사용하며 군식 · 혼식 · 단식 모두 좋다.
- 추위에는 강하지만 중부 이남에서 잘 자라고, 건조에 약하여 다소 습기가 많은 비옥지가 적합하다.

배식대상지		형태적특성		생태적특성			
단 지 입 구	△	잎	대생 장타원형 광택	내 한 성	강	토성	사질양토
주 요 지 점	○			음 양 성	음	양분	비옥지
주거동 전면	◎	꽃	취산화서	수 분	적윤지	토양반응	
주거동 주변	○			공 해	강	내조성	
주차장 주변	○	열매	핵과 타원형	맹 아 력	강	성목 : 20m 근계 : 수형 : 원정형	
외 곽 녹 지	○			이 식	용이		
가 로 수	○	수피	회갈색, 박피	내 염	강		
절 개 지		질감	보통	생 장	느림		
색 깔	꽃	백색 5~6월	열매	벽흑색 9~10월	단풍	황색	

낙엽교목

4. 상록관목

옥향나무(둥근향나무)

과 명 측백나무과
학 명 *Juniperus chinensis* var. *globosa*
영 명 Globe Chinese Juniper

성 상 상록침엽관목
적 응 전국
원산지 한국 · 일본

둥근향나무(옥향)의 수형

둥근향

수꽃

잎

배식 참고사항

- 곧게 자라지 않고 밑에서 여러 개로 갈라져 원형으로 되며, 기하학적인 정원에 많이 사용하는 나무로 전정을 하지 않아도 조각품처럼 둥글다.
- 선녹색의 인엽이 매혹적이며 가지가 가늘어서 눈이 쌓이면 수형이 난잡해질 우려가 있으므로 눈을 빨리 치워 주어야 한다.
- 양수이며 내화력이 약하고 생장속도는 빠르다.
- 배수가 잘되는 사질양토에서 잘 자란다.
- 잔디밭의 가장자리에 열식하거나 건물주변 · 교목하부에 식재하며 분수대 주변과 진입도로에 식재하여도 좋다.

비 고

- 아래쪽의 둥근향은 향나무를 전정하여 둥근모양으로 키운 것으로 전정하지 않으면 수형이 난잡해진다.

배식대상지		형태적특성		생태적특성			
단지입구		잎	인엽 7~8년생부터 인엽이 생김	내한성	강	토성	사질양토
주요지점				음양성	양	양분	보통토
주거동 전면	○	꽃	이가화 암꽃은 구형 수꽃은 타원형	수분	적윤지	토양반응	
주거동 주변	○			공해	중	내조성	
주차장 주변	○	열매	구과 구형	맹아력	강	성목 : 1~2m 근계 : 수형 : 원형	
외곽 녹지				이식	용이		
가로수		수피	흑갈색	내염	중		
절개지		질감	고움	생장	빠름		
색깔	꽃	황색 4월	열매	자흑색 10월	잎	밝은 녹색	

눈향나무

과 명 측백나무과
학 명 *Juniperus chinensis* var. *sargentii*
영 명 Sargent Juniper
성 상 상록침엽관목
적 응 전국
원산지 한국

눈향나무의 수형

암꽃

수꽃

미국눈향

배식 참고사항

- 낮게 깔리며 옆으로 퍼지기 때문에 피복용 · 암석원용 · 경사지 식재용 및 기초 식재용으로 적합하다.
- 원줄기가 비스듬히 기울거나 바위에서 밑으로 처지면서 자라고, 높은 곳에 심어서 가지를 아래로 드리우게 키울 수 있다.
- 적성병의 피해를 입는 일이 있으며 석회질 땅을 좋아 한다.
- 단식보다 군식이 바람직하며 절개지의 경관조성에도 좋은 나무이다.

비 고

- 미국눈향(*J. horizontalis* 'Bar Harbor') : 북미가 원산인 눈향나무의 일종으로 잎이 청녹색이나 겨울에는 자주빛이 된다.

배식대상지		형태적특성		생태적특성			
단지입구		잎	유목 : 침엽 노목 : 인엽	내한성	강	토성	사질양토
주요지점				음양성	양	양분	보통토
주거동 전면		꽃	이가화 난형	수분	적윤지 -내건	토양반응	
주거동 주변	○			공해	강	내조성	
주차장 주변		열매	편구형	맹아력	강	성목 : 1~5m 근계 : 수형 : 포복형	
외곽 녹지	○			이식	용이		
가로수		수피	흑갈색	내염	강		
절개지	◎	질감	고움	생장	느림		
색깔	꽃	황색 4월	열매	암갈색 10월	잎	밝은 녹색	

돈나무

과 명 돈나무과
학 명 *Pittosporum tobira*
영 명 Japanese Pittosporum

성 상 상록활엽관목
적 응 전북 · 경남 이남
원산지 한국

돈나무의 둥글게 다듬어진 수형

꽃

열매

다듬지 않은 수형

배식 참고사항

- 5~6월에 피는 황색 꽃은 관상 가치는 없으나 향기가 좋고 밀원이 된다.
- 광택이 있는 잎과 가을에 황색에서 적색으로 변하는 열매가 아름답다.
- 대표적인 해안식물로 해수가 직접 닿아도 피해를 입지 않으며, 수세도 강하여 병충해가 적다.
- 군식을 주로하며 전정하지 않아도 수형이 아름다워 독립수로도 이용하고, 전정에도 강하여 생울타리로 이용 가능성이 크다.
- 기초식재용 · 차폐용 · 생울타리용 · 교목류의 하부식재용으로 이용한다.
- 어린 나무는 이식하기가 쉬우나 큰 나무는 뿌리가 거칠어서 활착시키기가 어렵다.

비 고

- 우리나라에 1과 1속 1종이 자라는 귀한 나무이다.

<table>
<tr><th colspan="2">배식대상지</th><th colspan="2">형태적특성</th><th colspan="4">생태적특성</th></tr>
<tr><td>단지입구</td><td></td><td rowspan="2">잎</td><td rowspan="2">호생
혁질 · 광택
뒤로 말린다</td><td>내한성</td><td>약</td><td>토성</td><td>사질양토</td></tr>
<tr><td>주요지점</td><td></td><td>음양성</td><td>양</td><td>양분</td><td>보통토</td></tr>
<tr><td>주거동 전면</td><td>○</td><td rowspan="2">꽃</td><td rowspan="2">양성화
취산화서</td><td>수분</td><td>적윤지
-내건</td><td>토양반응</td><td></td></tr>
<tr><td>주거동 주변</td><td>△</td><td>공해</td><td>강</td><td>내조성</td><td>강</td></tr>
<tr><td>주차장 주변</td><td>○</td><td rowspan="2">열매</td><td rowspan="2">삭과
구형</td><td>맹아력</td><td>중</td><td colspan="2" rowspan="4">성목 : 2~5m
근계 : 거칠다
수형 : 원정형</td></tr>
<tr><td>외곽 녹지</td><td>△</td><td>이식</td><td>용이</td></tr>
<tr><td>가로수</td><td></td><td>수피</td><td>흑갈색</td><td>내염</td><td>강</td></tr>
<tr><td>절개지</td><td></td><td>질감</td><td>고움</td><td>생장</td><td>느림</td></tr>
<tr><td>색깔</td><td>꽃</td><td>백색→황색 5~6월</td><td>열매</td><td colspan="2">갈색 9~10월</td><td>잎</td><td>짙은 녹색</td></tr>
</table>

남천

과 명	매자나무과	성 상	상록활엽관목
학 명	*Nandina domestica*	적 응	전남 · 경남 이남
영 명	Nandina Heavenly Bamboo	원산지	중국 · 일본

4-4

수형

꽃

열매

단풍

배식 참고사항

- 반상록성으로 가을에 붉게 물드는 단풍과 겨울 내내 달려있는 붉은 열매가 아름답다.
- 잎이 미려하고 꽃도 좋다.
- 대나무 같이 맹아력이 있고 잘 자라 남천죽이라고도 한다.
- 오래된 나무일수록 보기 좋고 야취가 더 있다.
- 독립수 또는 차폐용으로 사용한다.
- 나무 밑이나 녹지의 모퉁이, 북측의 공지 등 일광이 다소 부족한 곳에 심는다.
- 수형이 강하고 병충해가 적으나, 난지성으로 봄에서 초가을에 식재하는 것이 좋다.

배식대상지		형태적특성		생태적특성			
단지입구		잎	3회 우상복엽 타원상 피침형 혁질	내한성	중	토성	사질양토
주요지점	○			음양성	음	양분	비옥지
주거동 전면	○	꽃	양성화 취산화서	수분	적윤지	토양반응	
주거동 주변	○			공해	중	내조성	
주차장 주변	○	열매	장과 구형	맹아력	강	성목 : 3m 근계 : 수형 : 피복형	
외곽녹지	△			이식	용이		
가로수		수피	회갈색	내염	중		
절개지		질감	고움	생장	빠름		
색깔	꽃	백색 6~7월	열매	적색 10월	단풍	진홍색	

피라칸사

과 명 장미과
학 명 *Pyracantha angustifolia*
영 명 Narrowleaf Firethorn

성 상 상록활엽관목
적 응 전북 · 경북 이남
원산지 중국

4-5

피라칸사의 수형

생울타리

꽃

붉은색 열매

노란색 열매

배식 참고사항

- 6월에 피는 꽃은 눈에 잘 띄지 않으나, 가을에 맺어 겨울내내 달리는 적색 또는 등황색의 열매가 관상가치가 있으며, 새의 먹이가 된다.
- 내한성이 보통으로 충남 이남에서 생육이 가능한데, 개체 중에는 추위에 적응하여 중부지방에서 월동 가능한 것들도 있으나 낙엽이 진다.
- 전정이 용이하여 생울타리 · 기초식재 · 차폐식재용으로 사용하면 좋다.
- 수형이 불규칙하므로 전정을 해서 다듬어 주어야 한다.

배식대상지		형태적특성		생태적특성			
단지입구		잎	호생 타원형	내한성	중	토성	사질양토
주요지점				음양성	중용	양분	비옥지
주거동 전면	○	꽃	산방화서	수분	적윤지	토양반응	
주거동 주변	○			공해		내조성	
주차장 주변	○	열매	편구형 광택	맹아력	강	성목 : 3m 근계 : 수형 : 피복형	
외곽 녹지	○			이식	용이		
가로수		수피	흑갈색	내염	강		
절개지		질감	거칠음	생장	빠름		
색깔	꽃	백색 6월	열매	적색 · 등황색 10~11월	잎	뒷면에 회백색	

다정큼나무

과 명	장미과	성 상	상록활엽관목
학 명	*Raphiolepis umbellata*	적 응	전남 · 경남 이남
영 명	Yeddo Raphiolepis	원산지	한국

4-6

다정큼나무의 꽃

둥글게 다듬어진 수형

열매

생울타리

배식 참고사항

- 제주도 및 남해 도서지방의 바닷가에서 자란다.
- 수형이 미려하며, 윤택있고 특이한 진녹색 잎으로 전체적인 질감이 좋다.
- 매화 같은 백색 꽃과 가을에 익는 열매도 관상 가치가 있다.
- 해안조경용으로 가장 적합한 수종이며, 전정이 용이하여 쉽게 조형할 수 있다.
- 독립수로 심거나 군식하여 경계식재 또는 생울타리용으로 이용하며 건물앞에 식재하여 액센트 효과를 줄 수 있다.
- 양수이나 음지에서도 잘 자라고, 작은 나무는 이식이 용이하나 큰 나무는 어렵다.

비 고

- 둥근잎다정큼나무(var.*integerrima*)와 긴잎다정큼나무(var.*liukiuensis*) 등의 변종이 있다

배식대상지		형태적특성		생태적특성			
단지입구		잎	호생 장타원형 둔 거치	내한성	약	토성	사질양토
주요지점				음양성	양	양분	보통토
주거동 전면	○	꽃	양성화 원추화서 정생	수 분	적윤지 -내건	토양반응	
주거동 주변	○			공 해	중	내조성	강
주차장 주변	○	열매	이과 구형 광택	맹아력	강	성목 : 2~4m 근계 : 수형 : 원정형	
외곽 녹지				이 식	보통		
가 로 수		수피	녹갈색	내 염	강		
절 개 지		질감	보통	생 장	빠름		
색 깔	꽃	백색 7~8월	열매	흑색 11월	잎	뒷면은 회백색	

회양목

과 명 회양목과
학 명 *Buxus microphylla* var. *koreana*
영 명 Korean Boxwood
성 상 상록활엽관목
적 응 전국
원산지 한국・일본

회양목의 꽃

낮게 다듬어진 수형

둥글게 다듬어진 수형

열매

노목의 수형

배식 참고사항

- 전국 석회암지대의 지표식재로 자생하고 있는 나무로 우리나라에서 가장 많이 식재하고 있는 상록관목이다.
- 광택이 있는 잎이 특징이며, 겨울에 기온이 하강하면 황토색으로 잎이 변색되기도 한다.
- 재질이 단단하며 도장용으로 사용하여 도장나무라고도 한다.
- 전정에 잘 견뎌 둥글게 다듬어 둥근향의 용도와 유사하게 이용하며 생울타리・경계식재용으로도 쓰이고 군식하면 좋다.
- 음지와 양지 어디서나 잘 자라고, 척박한 토양에서도 생육이 왕성하나 산성토양에서는 잘 자라지 못한다.

비 고

- 좀회양목(*B. microphylla*) : 대생하는 잎이 회양목보다 얇고 가늘다. 내한성이 비교적 약한 편으로 중부이남에서 식재되고 있다.

배식대상지		형태적특성		생태적특성			
단지입구		잎	윤생 타원형 혁질・광택	내한성	강	토성	사질양토
주요지점				음양성	중용	양분	보통토
주거동 전면	○	꽃	양성화 액생, 정생	수분	적윤지-내건	토양반응	
주거동 주변	○			공해	강	내조성	
주차장 주변	○	열매	삭과 난형	맹아력	강	성목 : 0.5~3m 근계 : 수형 : 피복형 →자연형	
외곽 녹지				이식	용이		
가로수		수피	회갈색	내염	약		
절개지	○	질감	고움	생장	느림		
색깔	꽃	황색 3~4월	열매	갈색 6~7월	잎	뒷면은 황록색	

호랑가시나무

과 명 감탕나무과
학 명 *Ilex cornuta*
영 명 Chinese Holly

성 상 상록활엽관목
적 응 서해안 · 남부 이남
원산지 한국 · 중국

4-8

호랑가시나무의 꽃

완도호랑가시나무

열매

잎

수형

배식 참고사항

- 변산반도 · 완도 · 제주도에 자생하며, 어느 정도 내륙지방에서도 생육이 가능하다.
- 광택이 있는 짙은 녹색의 잎은 개체변이가 심하여 모서리의 수가 다양하고, 어린 잎에는 가시가 있으나 자라면서 점점 퇴화되어 하나만 남는다.
- 꽃에는 향기가 있고 9~10월부터 빨갛게 익는 둥근 열매는 매우 아름다우며 다음해 봄까지 달려있다.
- 서양에서는 크리스마스트리로도 사용한다.
- 전정에 매우 강하여 다양한 수형으로 만들 수 있다.
- 생울타리용으로 많이 사용하며, 단식 또는 군식하여 하목으로 사용한다.

비 고

- 'Burfordii' : 육성된 품종으로 상단부를 제외하면 장타원형이며, 잎은 호랑가시나무보다 더 짙은 녹색이다.

<table>
<tr><th colspan="2">배식대상지</th><th colspan="2">형태적특성</th><th colspan="4">생태적특성</th></tr>
<tr><td>단지입구</td><td></td><td rowspan="2">잎</td><td rowspan="2">호생
혁질 · 광택
타원상의 6각형
각모서리에 가시</td><td>내한성</td><td>중</td><td>토성</td><td>사질양토</td></tr>
<tr><td>주요지점</td><td></td><td>음양성</td><td>양</td><td>양분</td><td>보통토</td></tr>
<tr><td>주거동 전면</td><td>○</td><td rowspan="2">꽃</td><td rowspan="2">이가화
산형화서
5~6개씩 달림</td><td>수분</td><td>적윤지</td><td>토양반응</td><td></td></tr>
<tr><td>주거동 주변</td><td>○</td><td>공해</td><td>강</td><td>내조성</td><td>강</td></tr>
<tr><td>주차장 주변</td><td>○</td><td rowspan="2">열매</td><td rowspan="2">삭과
구형</td><td>맹아력</td><td>강</td><td colspan="2" rowspan="4">성목 : 2~3m
근계 :
수형 : 타원형</td></tr>
<tr><td>외곽 녹지</td><td>○</td><td>이식</td><td>보통</td></tr>
<tr><td>가로수</td><td>○</td><td>수피</td><td>녹색</td><td>내염</td><td>강</td></tr>
<tr><td>절개지</td><td>○</td><td>질감</td><td>보통</td><td>생장</td><td>느림</td></tr>
<tr><td>색깔</td><td>꽃</td><td>황백색 4~5월</td><td>열매</td><td>적색 9~10월</td><td>잎</td><td colspan="2">짙은 녹색</td></tr>
</table>

꽝꽝나무(큰꽝꽝나무)

과 명 감탕나무과
학 명 *Ilex crenata*
영 명 Japanese Holly

성 상 상록활엽관목
적 응 남부 이남
원산지 한국 · 일본

꽝꽝나무의 꽃

잎

둥글게 다듬어진 수형

열매

좀 꽝꽝나무

배식 참고사항

- 제주도와 변산반도에 주로 자생하며, 잎이 열을 받으면 꽝 소리가 난다하여 꽝꽝나무라 한다.
- 짙은 녹색의 잎이 특이하고, 가지가 치밀하여 잎이 밀생하며 수형이 좋다.
- 수세가 강건하고 맹아력이 좋아 생울타리등 회양목과 같은 용도로 쓰인다.
- 내한성이 보통으로 중부 이남에서도 지역에 따라 식재가 가능하며, 생장속도는 느린 편이다.
- 주로 기초식재·경계식재용으로 사용하고, 중심목·하목으로도 가능하고 군식할 수 있다.

비 고

- 좀꽝꽝나무(var. *microphylla*) : 잎의 모양이 타원형 또는 넓은 타원형이다.

배식대상지		형태적특성		생태적특성			
단지입구		잎	호생 타원형 혁질·광택	내한성	중	토성	사질양토
주요지점				음양성	중용	양분	비옥지
주거동 전면	○	꽃	이가화 복총상화서	수분	적윤지	토양반응	
주거동 주변	○			공해	중	내조성	
주차장 주변	○	열매	핵과 구형	맹아력	강	성목 : 3m 근계 : 수형 : 원형	
외곽녹지				이식	보통		
가로수		수피	회갈색	내염	중		
절개지		질감	보통	생장	느림		
색깔	꽃	백록색 5~6월	열매	흑색 10월	잎	짙은 녹색	

사철나무

과 명 노박덩굴과
학 명 *Euonymus japonica*
영 명 Japanese Euonymus

성 상 상록활엽관목
적 응 황해도 이남
원산지 한국 · 중국 · 일본

4-10

사철나무의 꽃

둥글게 다듬어진 수형

열매

금테사철의 생울타리

배식 참고사항

- 중부 이남의 해변에 자생하며 해풍과 염분에 강하고, 내음력이 강하며 수세가 강건하다.
- 봄에 새로 돋아나는 밝은 녹색의 잎, 가을의 노란 과육과 붉은 종자가 아름답다.
- 토질을 가리지 않고 습지와 건조지에서 모두 잘 견디며, 양지에서도 좋은 생육을 보인다.
- 생울타리 · 차폐식재 · 경계식재 · 기초식재용으로 이용하며, 단식 · 군식한다.

비 고

- 금테사철나무('Ovatus Aureus') : 일본에서 도입된 원예품종으로 잎 가장자리에 금색의 테가 있고 내한성이 강하여 중부지방에서도 생육이 무난하다. 음지에 심으면 금색이 퇴색하여 없어지기도 한다. 깍지벌레에 특히 약하므로 주의가 필요하다.

배식대상지		형태적특성		생태적특성			
단지입구		잎	대생 도란형 혁질 · 광택	내한성	중	토성	사질양토
주요지점				음양성	중용	양분	보통토
주거동 전면	○	꽃	양성화 취산화서 액생	수분	적윤지	토양반응	
주거동 주변	○			공해	강	내조성	강
주차장 주변	○	열매	삭과 구형	맹아력	강	성목 : 3m 근계 : 수형 : 원형	
외곽 녹지	○			이식	용이		
가로수		수피	녹갈색	내염	강		
절개지		질감	고운	생장	빠름		
색깔	꽃	담황록색 6~7월	열매	적색 10월	잎	녹색	

우묵사스레피

과 명 차나무과
학 명 *Eurya emarginata*
영 명 Japanese Euonymus

성 상 상록활엽관목
적 응 남부 이남
원산지 한국

우묵사스레피의 꽃

노목의 수형

열매

사스레피나무

배식 참고사항

- 제주도 서귀포에 자생하며, 작고 잔잔한 잎의 표면에 굴곡이 있으며 수형이 단정하고 아름답다.
- 사스레피나무와 생김새가 비슷하나 잎끝이 뒤로 말리어 우묵하게 들어가 우묵사스레피라 한다.
- 해안조경에 적당한 나무로 각종 공해에 강하다.
- 곰솔과 혼생하고, 생울타리로 사용하며 독립수로도 식재한다.

비 고

- 사스레피나무(*E. japonica*) : 꽃은 담황록색 · 백색 · 담자색으로 3~4월경에 피며, 10월에 흑자색으로 익는 열매는 겨울 동안에도 그대로 달려있다. 생장은 비교적 느린 편이나 맹아력이 매우 강하여 생울타리로 사용하고 내음성이 강하여 곰솔의 하부식재로 적당하다.

배식대상지		형태적특성		생태적특성			
단지입구		잎	호생 장타원형 혁질 · 광택	내한성	약	토성	사질양토
주요지점				음양성	양	양분	보통토
주거동 전면	○	꽃	이가화 취산화서	수분	적윤지 -내건	토양반응	
주거동 주변	○			공해	강	내조성	강
주차장 주변	○	열매	장과 구형 · 도란형	맹아력	강	성목 : 3m 근계 : 수형 : 원형	
외곽 녹지	○			이식	용이		
가로수		수피	흑갈색	내염	강		
절개지	○	질감	보통	생장	빠름		
색깔	꽃	담황록색 6월	열매	흑자색 10월	잎		

팔손이

과 명 두릅나무과
학 명 *Fatsia japonica*
영 명 Fatsia

성 상 상록활엽관목
적 응 남해안 · 제주도
원산지 한국 · 중국 · 일본 4-12

팔손이의 수형

꽃

미성숙 열매

미성숙 꽃대

배식 참고사항

- 6~8개로 갈라지는 시원스런 광택있는 잎과 함께 검은 열매는 남국적인 분위기를 자아낸다.
- 거제도에 자생지가 있으며 우리나라에서는 주로 해변가에 조림하여 하층 식생으로 군생한다.
- 염해 · 조해에는 강하나 내한성이 약하여 남해안지방 일부에서만 남국적인 향취를 감상할 수 있다.
- 내음성이 강하여 단조로운 건물의 북쪽에 밝은 분위기를 연출할 수 있다.
- 경관수 · 첨경수로 이용되며 하목식재한다.
- 토성은 별로 가리지 않으나 직근성이기 때문에 뿌리분을 만들기 어렵다.

배식대상지		형태적특성		생태적특성			
단지입구		잎	호생 7~9열의 장상 지름 20~40cm	내한성	약	토성	사질양토
주요지점	○			음양성	중용	양분	비옥지
주거동 전면	○	꽃	산형화서	수분	적윤	토양반응	
주거동 주변	○			공해	강	내조성	강
주차장 주변	○	열매	장과 구형	맹아력	중	성목 : 3m 근계 : 직근성 수형 : 원형	
외곽 녹지				이식	용이		
가로수		수피	녹갈색	내염	강		
절개지		질감	보통	생장	빠름		
색깔	꽃	백색 11~12월	열매	흑색 5월	잎	뒷면은 황록색	

식나무

과 명 층층나무과
학 명 *Aucuba japonica*
영 명 Japanese Aucuba

성 상 상록활엽관목
적 응 남부이남
원산지 한국 · 일본

4-13

식나무의 꽃

수형

열매

Aucuba japonica 'Crotonifolia'

금식나무

배식 참고사항

- 난대지방 큰 나무의 수관 아래에서 군생하는 수목이다.
- 잎의 크기가 손바닥처럼 크고, 새로나온 줄기는 녹색으로 광택이 난다.
- 건물의 동 · 북쪽에 식재할 수 있으며, 빛이 적은 곳에서도 잎의 치밀함을 잃어 버리지 않는 특징을 갖는다.
- 자웅이주로서 열매는 10월에 적색으로 익는데 겨울동안 달려있어 아름다우며, 새의 먹이가 된다.
- 수림하에서 지피용으로 쓰이며 차폐 · 경계 · 생울타리용으로 좋다.
- 남부이남에서만 생육이 가능하지만 수림하에 심으면 중부의 일부 지역에서도 식재가 가능하다.
- 건조에 약하다.

비 고

- 금식나무('Variegata') : 잎에 황색 반점이 있다.

배식대상지		형태적특성		생태적특성			
단지입구		잎	대생 타원형 혁질 · 광택	내한성	약	토성	사질양토
주요지점				음양성	음	양분	비옥지
주거동 전면	○	꽃	이가화 원추화서 정생	수분	적윤지	토양반응	
주거동 주변	○			공해	강	내조성	강
주차장 주변	○	열매	핵과 타원형 광택	맹아력	중	성목 : 3m 근계 : 직근성 수형 : 부정형	
외곽 녹지	○			이식	보통		
가로수		수피	녹색	내염	강		
절개지		질감	보통	생장	빠름		
색깔	꽃	흑자색 3~4월	열매	적색 10월	잎		

상록관목

영 산 홍(왜철쭉)

과 명 진달래과
학 명 *Rhododendron indicum*
영 명 Azalea

성 상 상록활엽관목
적 응 남부
원산지 일본

영산홍(사쯔끼 철쭉)

단풍

군식 수형

히라도 철쭉

아자레아 철쭉

배식 참고사항

- 영산홍은 1개종을 지칭하기 보다 서로 유사성이 있는 여러 수종을 총칭한 것으로 주로 외래종이며 일본산이 많고 대부분 상록성이다.
- 봄의 꽃이 곱고 다양하다. 잎은 곱고 가늘며 잔잔한 털과 광택이 있다.
- 내한성이 다소 약해 충남 이남에서 월동이 가능하다.

비 고

- 사쯔끼철쭉(*R. indicum*) : 우리나라에서 기리시마철쭉과 함께 일반적으로 영산홍이라고 불리우는 철쭉이다.
- 기리시마철쭉(*R. obtusun*) : 사쯔끼철쭉과 함께 남부지방에서 많이 이용되고 있다.
- 히라도철쭉(*R. mucronatum*) : 개화시 꽃이 크고 화려하며, 흰 꽃과 붉은 꽃이 있다.
- 아자레아철쭉(*R. macraanthum*) : 꽃이 아름다운 것이 많으며, 내한성이 약한 편으로 주로 온실에서 재배되고 있다.

배식대상지		형태적특성		생태적특성			
단지입구		잎	호생 협타원형	내한성	중	토성	사질양토
주요지점	◎			음양성	양	양분	비옥지
주거동 전면	○	꽃	깔대기형 가지 끝에 2~3개씩 달림	수분	적윤지	토양반응	
주거동 주변	○			공해	중	내조성	
주차장 주변	○	열매	삭과 난형	맹아력	강	성목 : 2~3m 근계 : 수형 : 원형	
외곽 녹지	○			이식	보통		
가로수		수피	황갈색	내염	강		
절개지	○	질감	고움	생장	느림		
색깔	꽃	담홍자색 5~6월	열매		잎		

상록관목

광나무

과 명 물푸레나무과
학 명 *Ligustrum japonicum*
영 명 Japanese Privet

성 상 상록활엽관목
적 응 남부 이남
원산지 한국 · 일본

둥근잎광나무의 수형

둥근잎광나무의 미성숙화

광나무의 열매

배식 참고사항

- 광란상 타원형의 광택있는 잎이 특징이며, 기부로부터 갈라지는 가지는 둥근 수형을 형성한다.
- 6월에 가지 끝에 매달리는 백색 꽃은 향기가 좋고, 밀원이 된다.
- 10월에 흑자색으로 익는 열매는 겨울에도 남아 있다.
- 생장속도가 매우 빠르고 토성을 별로 가리지 않는다.
- 강전정에도 비교적 잘 견뎌 차폐식재 · 생울타리 · 경계식재용으로 많이 이용된다.

비 고

- 둥근잎광나무(var. *rotundifolium*) : 가지에 잔털이 있고 잎이 촘촘하게 달리며 난상타원형 또는 원형으로 엽병이 짧다.
- 제주광나무(*L. lucidum*) : 잎이 광나무보다 크고 난형이다. 수형이 광나무보다 양호하다.

배식대상지		형태적특성		생태적특성			
단지입구		잎	대생 난상 장타원형 혁질	내한성	중	토성	사질양토
주요지점				음양성	중용	양분	보통토
주거동 전면	○	꽃	복총상화서	수분	적윤지	토양반응	
주거동 주변	○			공해	강	내조성	강
주차장 주변	○	열매	핵과 난원형	맹아력	강	성목 : 5m 근계 : 수형 : 원정형	
외곽 녹지				이식	보통		
가로수		수피	회색	내염	강		
절개지		질감	보통	생장	빠름		
색깔	꽃	백색 7~8월	열매	흑자색 10월	잎		

상
록
관
목

목서

과 명 물푸레나무과
학 명 *Osmanthus fragrans*
영 명 Sweet Osmanthus SP.

성 상 상록활엽관목
적 응 남해안 · 제주도
원산지 중국

구골나무의 꽃

구갑구골나무

둥글게 다듬어진 수형

열매

은목서

배식 참고사항

- 영 · 호남지방에 흔히 식재되는 나무로 둥근형의 수관을 가진다.
- 9월경 눈에 잘 띄지 않는 흰꽃에서 풍기는 강한 향기가 특징이다.
- 호랑가시나무와 비슷하나 잎이 대생인 것으로 구별할 수 있고 거치가 있는 것도 있다.
- 맹아력이 대단히 강하며 전정하여 조형목으로 쓰이고 기념수 · 경관수 · 첨경수로서 중심목 · 하목 등으로 식재하며, 차폐식재 · 생울타리용으로 사용한다.

비 고

- 은목서(*O. asiaticus*) : 상록활엽소교목으로 10월경 피는 백색의 꽃은 향기가 매우 강하고 잎에 거치가 있다.
- 금목서(var. *aurantiacus*) : 은목서의 변종으로 꽃색이 등황색이다.
- 구골나무(*O. heterophylla*) : 가지가 많이 분지한다.
- 구갑구골나무(*O. fortunei* 'Subangulatus') : 잎에 5~8개의 거치가 대칭으로 있고, 불규칙한 황백색 무늬가 있다.

배식대상지		형태적특성		생태적특성			
단지입구		잎	대생 장타원형 잔 거치	내한성	약	토성	사질양토
주요지점	○			음양성	중용	양분	비옥지
주거동 전면	○	꽃	이가화	수분	적윤지	토양반응	
주거동 주변	○			공해	강	내조성	
주차장 주변	○	열매	타원형	맹아력	강	성목 : 4m 근계 : 수형 : 원형 · 난형	
외곽녹지				이식	보통		
가로수		수피	녹갈색	내염	중		
절개지		질감	보통	생장	느림		
색깔	꽃	백색 9월	열매	암자색 10월	잎		

협죽도(유도화)

과 명 협죽도과
학 명 *Nerium indicum*
영 명 Sweet－Scanted Oleander
성 상 상록활엽관목
적 응 남부 이남
원산지 인도

4-17

협죽도의 수형

분홍색 겹꽃

흰색 꽃

배식 참고사항

- 잎은 대나무나 버드나무, 꽃은 복숭아와 비슷하다 하여 붙여진 이름이다.
- 토질을 가리지 않으며 건・습지에서도 잘 자라고, 제주도 지역에서는 가로수로 좋은 생육을 보이고 있으며, 공장조경에 이용이 가능하다.
- 차폐식재용으로 좋으며 군식이 어울린다.
- 꽃에는 독성이 있어 먹으면 심한 두통을 일으킨다.
- 생장이 빠르고 기온이 높은 곳에서는 대개 직간성이 되고, 기타 지역에서는 주립상으로 총생한다.

비 고

- 만첩협죽도(for. *plenum*) : 꽃이 만첩으로 개화한다.
- 흰협죽도(for. *leucanthum*) : 꽃이 백색으로 개화한다.
- 노랑협죽도(for. *lutescens*) : 꽃이 황색으로 개화한다.

<table>
<tr><th colspan="2">배식대상지</th><th colspan="2">형태적특성</th><th colspan="4">생태적특성</th></tr>
<tr><td>단지입구</td><td></td><td rowspan="2">잎</td><td rowspan="2">윤생
선상 피침형
혁질</td><td>내한성</td><td>약</td><td>토성</td><td>사질양토</td></tr>
<tr><td>주요지점</td><td>.</td><td>음양성</td><td>양</td><td>양분</td><td>비옥지</td></tr>
<tr><td>주거동 전면</td><td>○</td><td rowspan="2">꽃</td><td rowspan="2">취산화서
정생</td><td>수분</td><td>적윤지</td><td>토양반응</td><td></td></tr>
<tr><td>주거동 주변</td><td>○</td><td>공해</td><td>강</td><td>내조성</td><td>강</td></tr>
<tr><td>주차장 주변</td><td>○</td><td rowspan="2">열매</td><td rowspan="2">골돌
선형</td><td>맹아력</td><td>중</td><td colspan="2" rowspan="4">성목 : 5m
근계 :
수형 : 부채꼴</td></tr>
<tr><td>외곽 녹지</td><td>○</td><td>이식</td><td>용이</td></tr>
<tr><td>가로수</td><td>○</td><td>수피</td><td>녹갈색</td><td>내염</td><td>강</td></tr>
<tr><td>절개지</td><td></td><td>질감</td><td>보통</td><td>생장</td><td>빠름</td></tr>
<tr><td>색깔</td><td>꽃</td><td>도홍색 7~8월</td><td>열매</td><td colspan="2"></td><td>잎</td><td></td></tr>
</table>

치자나무

과 명 꼭두서니과
학 명 *Gardenia jasminoides* for. *grandiflora*
영 명 Cape Jasmine
성 상 상록활엽관목
적 응 남부 이남
원산지 중국

꽃치자

수형

열매(치자)

다듬어진 생울타리

배식 참고사항

- 광택이 있는 주름잡힌 잎과 향기 높은 하얀색 꽃이 특징이다.
- 9월에 결실하는 열매는 6~7개의 능각이 있으며 황홍색으로 성숙하여 아름답다.
- 생울타리 · 차폐식재 · 경계식재 · 공장조경에 적합하며, 수목 아래 군식하여 하목으로 사용하면 좋다.
- 충분한 햇볕을 받아야 개화결실이 잘된다.
- 맹아력이 있어 전정하여 생울타리 등으로 이용하기도 한다.

비 고

- 꽃치자(var. *radicans*) : 치자나무와 유사하나 잎과 꽃이 치자나무보다 작으며 꽃이 아름답다.

<table>
<tr><th colspan="2">배식대상지</th><th colspan="2">형태적특성</th><th colspan="4">생태적특성</th></tr>
<tr><td>단지입구</td><td></td><td rowspan="2">잎</td><td rowspan="2">대생
장타원형
광택</td><td>내한성</td><td>약</td><td>토성</td><td>사질양토</td></tr>
<tr><td>주요지점</td><td></td><td>음양성</td><td>양</td><td>양분</td><td>비옥지</td></tr>
<tr><td>주거동 전면</td><td>○</td><td rowspan="2">꽃</td><td rowspan="2">양성화
6~7개의 꽃잎</td><td>수분</td><td>적윤지</td><td>토양반응</td><td></td></tr>
<tr><td>주거동 주변</td><td>○</td><td>공해</td><td>강</td><td>내조성</td><td>강</td></tr>
<tr><td>주차장 주변</td><td>○</td><td rowspan="2">열매</td><td rowspan="2">세로로 6~7개의 능각</td><td>맹아력</td><td>중</td><td colspan="2" rowspan="4">성목 : 4m
근계 :
수형 : 원형 · 난형</td></tr>
<tr><td>외곽 녹지</td><td>○</td><td>이식</td><td>보통</td></tr>
<tr><td>가로수</td><td></td><td>수피</td><td>녹갈색</td><td>내염</td><td>강</td></tr>
<tr><td>절개지</td><td></td><td>질감</td><td>보통</td><td>생장</td><td>보통</td></tr>
<tr><td>색깔</td><td>꽃</td><td colspan="2">백색 6~7월</td><td>열매</td><td>황홍색 9월</td><td>잎</td><td></td></tr>
</table>

5. 낙엽관목

무화과나무

과 명 뽕나무과
학 명 *Ficus carica*
영 명 Common Fig

성 상 낙엽활엽관목
적 응 전남 · 경남 이남
원산지 서아시아 · 지중해 연안 5-1

무화과나무의 열매(무화과)

수형

천선과 나무의 수형

천선과 나무의 열매

배식 참고사항

- 꽃이 화탁 속에 피어 보이지 않고 과일이 생겨 무화과란 명칭이 붙여졌다.
- 우리나라 남부지방에서 생육하며, 주로 열매를 생산할 목적으로 재배된다.
- 잎이 크고 3~5부분으로 깊게 갈라져 거친 질감의 효과가 있으며, 일년에 두번 결실되는 열매의 모양도 특이하다.
- 척박한 토양에서도 잘 견디며, 산성토를 싫어한다.
- 가정과수로 주로 식재되는 나무이며 무화과속이 600종이나 되나 과수로 쓸 수 있는 것은 무화과나무 1종뿐이다.

비 고

- 천선과나무(*F. erecta*) : 남부 해안지대와 제주도에서 주로 생육되고, 꽃은 5~6월에 피는데 보이지 않으며, 열매는 은화과로 9~10월에 흑자색으로 열리는데 식용할 수 있다. 광택있는 잎과 붉게 물드는 잎이 관상의 대상이고, 중용수로 건물주변에 식재한다.

배식대상지		형태적특성		생태적특성			
단지입구		잎	호생 광란형 · 거치 3~5열로 갈라짐	내한성	중	토성	사질양토
주요지점				음양성	중용	양분	비옥지
주거동 전면	○	꽃	일가화 수꽃은 위에 암꽃은 아래	수분	적윤지	토양반응	중성토
주거동 주변	○			공해	강	내조성	강
주차장 주변	○	열매	은화과	맹아력	강	성목 : 2~4m 근계 : 심근성 수형 : 평정형	
외곽 녹지	○			이식	보통		
가로수		수피	회갈색	내염	강		
절개지		질감	보통	생장	빠름		
색깔	꽃	4~6월		열매	흑자색 · 황록색 8~10월	잎	

모란(목단)

과 명 미아리아제비과
학 명 *Paeonia suffruticosa*
영 명 Tree Paeony

성 상 낙엽활엽관목
적 응 전국
원산지 중국

모란의 꽃

작약

수형

열매

원예종

배식 참고사항

- 옛부터 고급정원 및 궁원에 많이 식재했었다.
- 직경 15~25cm 정도의 홑꽃 또는 겹꽃으로 피는 다양한 색상의 꽃이 감상의 대상이 되며, 원종은 홍자색이나 꽃의 색깔·모양 등에 따라 수십종의 재배품종이 있으며, 잎 또한 특이하여 꽃이 없는 시기에 관상 가치가 있다.
- 아침·저녁에는 햇볕을 받을 수 있고 한낮의 뜨거운 햇볕은 가릴 수 있는 큰 나무 아래 같은 곳과, 바람도 피할 수 있고 배경이 될 수 있도록 관목류·울타리 또는 생울타리 등의 전면부에 식재하는 것이 바람직하다.
- 건조한 곳은 싫어 하고, 비료를 많이 주도록 하되 특히 인산비료가 효과적이며, 10~11월에 이식하는 것이 좋다.

비 고

- 모란의 뿌리는 약용으로 쓰이며, 초본인 작약의 뿌리에 접목한다.
- 작약(*P. lactiflora* var. *hortensis*) : 경기도 지방에 분포하는 초본으로 꽃은 5~6월에 피고 열매는 골돌이다.

배식대상지		형태적특성		생태적특성			
단지입구	○	잎	3엽 각각 3~5열로 갈라짐	내한성	강	토성	사질양토
주요지점	○			음양성	양	양분	비옥지
주거동 전면	○	꽃	양성화	수분	적윤지	토양반응	
주거동 주변	○			공해	중	내조성	
주차장 주변	○	열매	삭과 구형	맹아력	강	성목 : 2m 근계 : 천근성 수형 : 피복형	
외곽녹지				이식	보통		
가로수		수피	흑갈색	내염	약		
절개지		질감	보통	생장	빠름		
색깔	꽃	홍자색 5월	열매	흑색 9월	잎	뒷면은 흰빛	

매자나무

과 명 매자나무과
학 명 *Berberis koreana*
영 명 Korean Barberry
성 상 낙엽활엽관목
적 응 전국
원산지 한국

매자나무의 꽃

열매

당매자나무

일본매자나무

노란잎 매자나무

배식 참고사항

- 우리나라의 특산종으로 수형·열매 및 단풍을 감상하는 나무이다.
- 5월에 밑으로 주렁주렁 피는 황색 꽃도 좋지만 가을의 붉은 단풍과 열매가 감상의 대상이 된다.
- 붉은 구슬을 달아 놓은 듯한 열매는 잎이 지고난 겨울까지 달려 있다.
- 새가지에는 마디마다 예리한 가시가 1~3개 나며, 가시가 나는 곳에 3~5개의 잎이 모여 달린다.
- 가지는 적색에서 암갈색이고 대개 가시가 단순하며 길이가 5~10mm인 것이 매발톱나무와 다르다.
- 가시가 날카로와 낮은 생울타리용으로 이용하며, 단식·열식할 수 있고 전정을 하여 모양을 낼 수도 있다.
- 내건성이 강하나 적윤지 토양이 좋으며, 음지·양지에서 모두 생장이 좋다.

배식대상지		형태적특성		생태적특성			
단지입구		잎	도란형·난형 거치 뒷면에 주름이 많고, 회흑색	내한성	강	토성	사질양토
주요지점	△			음양성	음	양분	비옥지
주거동 전면	○	꽃	양성화 총상화서	수분	적윤지	토양반응	
주거동 주변	○			공해	중	내조성	약
주차장 주변	○	열매	장과 구형	맹아력	강	성목 : 1~2m 근계 : 수형 : 피복형	
외곽 녹지	○			이식	용이		
가로수		수피	적갈색	내염	약		
절개지	△	질감	보통	생장	빠름		
색깔	꽃	황색 5월	열매	적색 10월	단풍	적색	

낙엽관목

매발톱나무

섬매발톱나무

넓은잎매발톱나무

넓은잎매발톱나무

비 고

- 당매자나무(*B. poiretii*) : 잎의 가장자리가 밋밋한 것으로 매자나무와 매발톱나무와 다르며, 가지는 자갈색이고 가시는 단순하거나 3개로 갈라진다. 꽃은 황색이지만 표면에 붉은 빛이 돌며 총상화서에 8~15개의 꽃이 핀다.
- 일본매자나무(홍매자나무 ; *B. thunbergii* 'Atropurpurea') : 가지가 갈색이고 가시는 때때로 3개로 갈라지며 잎의 가장자리에 톱니가 없어 당매자나무와 비슷하지만 잎이 봄부터 가을까지 짙은 자색이다.
- 노란잎매자나무(황매자나무 ; *B. thunbergii* 'Aurea') : 최근에 홍매자나무와 함께 도입되어 많이 사용되고 있는 나무로 잎이 당매자나무 보다 더 둥글고 황금색으로 아름답다.
- 매발톱나무(*B. amurensis*) : 가지가 회색이고 가시는 흔히 3개로 갈라진다. 줄기의 가시 모양 때문에 매발톱나무라 하며, 꽃 · 열매 · 단풍이 모두 관상가치가 높다.
- 섬매발톱나무(var. *quelpaertensis*) : 매발톱나무의 변종으로 한라산에 분포하고 잎이 도피침형이며 가시가 크게 3개로 갈라진다.
- 넓은잎매발톱나무(var. *latifolia*) : 매발톱나무의 변종으로 울릉도와 강원도에 분포하고 잎이 원형 또는 난상원형이다.

생강나무

과 명 녹나무과
학 명 *Lindera obtusiloba*
영 명 Japanese Spice Bush

성 상 낙엽활엽관목
적 응 전국
원산지 한국 · 중국 · 일본

생강나무의 꽃

단풍

신엽

열매

수형

배식 참고사항

- 초봄의 산에서 가장 일찍 꽃이 피어 봄이 왔음을 알리며, 가을의 황색 단풍이 아름답다.
- 가을의 노란 단풍이 서리가 내리면 적색으로 변하여 단풍의 색깔이 다양하다.
- 잎 또는 가지를 비비면 생강냄새가 난다.
- 가을에 녹색 · 황색 · 적색 · 흑색 등의 오색찬란한 열매가 오래 달려있어 관상가치가 크고, 종자의 기름은 향기와 질이 좋은 머릿기름으로 유명하다.
- 하목으로 1~2주 점식하여 심거나, 군식 · 열식하여 식재군을 조성하는 것이 바람직하다.
- 토성이 얕고 척박 · 건조한 토양에서 잘 견딘다.
- 잎은 3부분으로 갈라진 것, 좌측 또는 우측으로 약간 갈라진 것, 갈라지지 않은 것 등으로 섞여있다.

배식대상지		형태적특성		생태적특성			
단지입구		잎	호생 난형 갈라짐	내한성	강	토성	사질양토
주요지점				음양성	음	양분	척박지
주거동 전면	○	꽃	이가화 취산화서	수분	적윤지 -내건	토양반응	
주거동 주변	○			공해	약	내조성	
주차장 주변		열매	장과 구형	맹아력	중	성목 : 3m 근계 : 천근성 수형 : 평정형	
외곽 녹지	○			이식	보통		
가로수		수피	회갈색	내염	약		
절개지	○	질감	보통	생장	느림		
색깔	꽃	황색 3~4월	열매	자흑색 9월	단풍	황색→적색	

낙엽관목

수국

과 명 범의귀과
학 명 *Hydrangea macrophylla* for. *otaksa*
영 명 Japanese Hydrangea

성 상 낙엽활엽관목
적 응 중부 이남
원산지 중국

수국(*Hydrangea macrophylla* 'Ever Blooming')의 수형

산수국

'General Patton'

'Red Emperor'

'Holstein'

배식 참고사항

- 일본에서 육종된 원예품종으로 중부 이남의 정원에 널리 심고 있다.
- 꽃은 무성화로서 꽃잎처럼 보이는 것은 꽃받침인데 처음에는 연한 담자색에서 푸른색으로 되었다가 다시 담홍색으로 변하여 색깔이 아름다우며 많이 필 때에는 200여 송이까지 피어 대단히 탐스럽다.
- 건조지를 피하고 습기가 있는 반그늘이 적지이다.
- 단식보다는 군식 · 열식이 좋으며, 꽃이 지면 관상가치가 없다.

비 고

- 산수국(*H. serrata* for. *acuminata*) : 중부 이남 계곡에 자생하는 낙엽활엽관목으로 높이 1m 정도이다. 내음성 · 내한성 · 내공해성이 강하다. 6~7월에 피는 백자색 꽃은 야성적이며, 청초한 느낌을 주고 가장 자리의 푸른빛이 도는 엷은 홍색의 무성화는 꽃잎처럼 보이는 꽃받침이다.

배식대상지		형태적특성		생태적특성			
단지입구		잎	대생 난형	내한성	중	토성	사질양토
주요지점	△			음양성	중용	양분	비옥지
주거동 전면	○	꽃	무성화 산방화서	수분	적윤지	토양반응	중성
주거동 주변	○			공해	중	내조성	
주차장 주변		열매	결실되지 않음	맹아력	강	성목 : 30m 근계 : 직근성 수형 : 원형	
외곽 녹지	○			이식	용이		
가로수		수피	회갈색	내염	약		
절개지	○	질감	보통	생장	빠름		
색깔	꽃	녹색 등 다양 6~7월	열매		단풍		

낙엽관목

나무수국

과 명 범의귀과
학 명 *Hydrangea paniculata*
영 명 Tree Hydrangea

성 상 낙엽활엽관목
적 응 전국
원산지 일본

5-6

나무수국의 수형

개화상태(8월)

변색상태(9월)

낙엽상태(11월)

배식 참고사항

- 7~8월경에 개화하는 백색꽃이 탐스럽고 개화기간이 길어 관상가치가 높다.
- 덩어리꽃이 원추형을 이루며 흰색에서 연한자주색으로 변한다.
- 독립수·경계식재용으로 적합하다.
- 적윤지 토양에 적당하고, 중성토를 좋아한다.
- 공장지역에 식재하여도 좋다.

비 고

- 가지 끝의 큰 원추화서에 중성화와 양성화가 한 화서에 달린다.
- 미국수국(*H. arborescens*) : 미국 오하이오주 원산으로 흰눈과 같은 꽃송이가 아름답고 6월에 핀다.
- 일본수국(*H. paniculata* for. *grandiflora*)

배식대상지		형태적특성		생태적특성			
단지입구		잎	대생·3륜생 난형, 타원형 예리한 거치	내한성	강	토성	사질양토 점토
주요지점	△			음양성	양	양분	비옥지
주거동 전면	○	꽃	원추화서	수분	적윤지	토양반응	중성토
주거동 주변	○			공해	강	내조성	
주차장 주변	○	열매	결실되지 않음	맹아력	강	성목 : 2~3m 근계 : 수형 : 원정형	
외곽녹지	○			이식	용이		
가로수		수피	회갈색	내염	약		
절개지		질감	거칠다	생장	빠름		
색깔	꽃	백색·담자색 7~8월	열매		단풍		

꽃말발도리(둥근잎말발도리)

과 명 범의귀과
학 명 *Deutzia sieboldiana*
영 명 Siebold Deutzia

성 상 낙엽활엽관목
적 응 전국
원산지 일본

꽃말발도리의 수형

바위말발도리

꽃

열매

애기말발도리

배식 참고사항

- 꽃은 5월에 새 가지 끝에 총상으로 붉은색 꽃봉오리가 맺힌 후 백색으로 개화한다.
- 척박한 곳에서도 잘 생육하고 번성하기 때문에 절개지 또는 노견에 심으면 아름다운 꽃을 감상할 수 있다.
- 충분한 일광을 받아야 개화되고 점토질 토양에서도 잘 견딘다.
- 해변·도심지에서도 잘 자라고, 생울타리·차폐의 기능으로 식재하면 좋다.

비 고

- 말발도리(*D. parviflora*) : 건조에 강하여 아무 곳에서나 잘 자라고 5월에 뭉게뭉게 피는 백색 꽃이 아름답다.
- 애기말발도리(*D. gracilis*) : 전국에 관상용으로 심고 있는 수목으로 5월에 백설같이 하얗게 피는 꽃은 약 60일 간이나 지속되어 매혹적이다.
- 바위말발도리(*D. prunifolia*) : 전국 산지의 바위틈에서 자라며 백색의 꽃이 가지끝에 1~3개씩 뭉쳐 핀다.

배식대상지		형태적특성		생태적특성			
단지입구		잎	대생 난형·장타원형	내한성	강	토성	사질양토 양토
주요지점	○			음양성	양	양분	척박지
주거동 전면	○	꽃	원추화서	수분	내습-내건	토양반응	
주거동 주변	○			공해	강	내조성	강
주차장 주변	○	열매	삭과 종형	맹아력	강	성목 : 2m 근계 : 수형 : 피복형	
외곽 녹지	○			이식	용이		
가로수		수피		내염	강		
절개지	◎	질감	거칠음	생장	빠름		
색깔	꽃	백색 5~6월	열매	갈색 9월	단풍	갈색	

명자나무(명자꽃)

과 명 장미과
학 명 *Chaenomeles lagenaria*
영 명 Flower Quince

성 상 낙엽활엽관목
적 응 전국
원산지 중국 · 한국

5-8

명자나무의 수형

붉은색 꽃

흰색 꽃

열매

풀명자나무

배식 참고사항

- 4~5월에 품종에 따라 백색 · 담홍색 · 홍색 등으로 다양하게 피는 꽃이 나무를 뒤덮어 아름다운 화목이다.
- 꽃이 지고나면 녹색의 열매가 8월이 되면서 노랗게 익어 향기가 좋고 탐스럽다.
- 독립수나 경계식재용으로 적합하며 특히 가시가 있고 전정에 강하기 때문에 생울타리용으로도 이용된다.
- 다소 그늘진 곳에서도 잘 자라며 습기를 좋아하며 건조한 곳에서는 생장이 좋지 못하다.

비 고

- 풀명자나무(*C. japonica*) : 일본원산으로 꽃이 주홍색이고, 청초하며 짙은 향기가 있다.
- 잔털명자나무(산당화 ; *C. speciosa*) : 꽃이 크고 4월에 진한 홍색으로 핀다.

배식대상지		형태적특성		생태적특성			
단지입구		잎	호생 타원형	내한성	강	토성	사질양토
주요지점	○			음양성	중용	양분	비옥지
주거동 전면	○	꽃	짧은 가지에 1개－여러개 달림	수분	호습－적윤지	토양반응	
주거동 주변	○			공해	강	내조성	
주차장 주변	○	열매	이과 구형	맹아력	강	성목 : 1~2m 근계 : 수형 : 피복형	
외곽 녹지	○			이식	용이		
가로수		수피	회갈색	내염	중		
절개지		질감	보통	생장	빠름		
색깔	꽃	백색·담홍색 4~5월	열매	황색 9월	단풍		

황매화

과 명 장미과
학 명 *Kerria japonica*
영 명 Japanese Kerria

성 상 낙엽활엽관목
적 응 전국
원산지 일본

5-9

황매화의 수형

신엽과 줄기의 모양

꽃

죽단화의 수형

죽단화 꽃

배식 참고사항

- 중부 이남의 정원에 많이 식재된다.
- 5월 초순경에 피는 진노랑 꽃이 줄기를 따라 아름다운 선형을 이루는 화목으로 개화기간이 길다.
- 가을의 노란 단풍도 아름답고, 녹색을 띠는 줄기는 특히 잎이 떨어진 겨울철에도 관상가치가 높다.
- 주로 군식하며 경계식재 또는 독립수의 전면식재 등에 적합하다.
- 건물 주변의 식재에 알맞고 물가나 사면에도 잘 어울린다.
- 근경으로 늘어나는 천근성 수종으로 번식력이 강하다.
- 습기 많은 비옥 적윤지에서 생육이 왕성하고 바다 가까운 곳에서는 생장이 불량하다.

비 고

- 죽단화(for. *plena*) : 꽃이 만첩이고 잎이 진후 열매가 없는 점에서 황매화와 구별된다.

배식대상지		형태적특성		생태적특성			
단지입구		잎	호생 타원형 결각상의 복거치	내한성	강	토성	사질양토
주요지점	○			음양성	중용	양분	비옥지
주거동 전면	○	꽃	양성화 꽃잎 5개	수분	적윤지	토양반응	
주거동 주변	◎			공해	강	내조성	약
주차장 주변	○	열매	소견과 편구형	맹아력	강	성목 : 2m 근계 : 천근성 수형 : 부채꼴	
외곽 녹지	○			이식	용이		
가로수		수피	녹색	내염	중		
절개지	○	질감	고움	생장	빠름		
색깔	꽃	황색 4~5월	열매	흑갈색 9월	단풍	황색	

옥매

과 명 장미과
학 명 *Prunus glandulosa* for. *albiplena*
영 명 Dwarf Flowering Almond
성 상 낙엽활엽관목
적 응 전국
원산지 한국

5-10

옥매의 군식 수형

산옥매

꽃

홍매

단풍

배식 참고사항

- 옛부터 가정에 많이 심어 온 나무로 잎이 가늘고 길어 버드나무와 비슷하나 광택이 있다.
- 5월경에 나무 전체를 백색꽃으로 덮는 화목으로 대단히 우아하다.
- 양지에서 개화결실이 되고 습지에는 잘 견디나 건조에 약하다.
- 줄기가 많고 둥근 수형을 만든다.
- 독립수 · 경계식재 및 군식용으로 적합하고 단식 또는 서너 그루 군식한다.

비 고

- 홍매(for. *sinensis*) : 꽃이 분홍색의 만첩으로 많이 식재한다.
- 산옥매(*P. glandulosa*) : 중국원산으로 백색 또는 담홍의 홑꽃이 3~4월에 잎과 같이 핀다.

배식대상지		형태적특성		생태적특성			
단지입구		잎	호생 피침형·장타원형	내한성	강	토성	사질양토
주요지점	○			음양성	양	양분	비옥지
주거동 전면	◎	꽃	양성화 만첩	수분	적윤지	토양반응	
주거동 주변	○			공해	중	내조성	
주차장 주변	○	열매	핵과 구형	맹아력	강	성목 : 1.5m 근계 : 천근성 수형 : 원정형	
외곽 녹지	○			이식	용이		
가로수		수피	회갈색	내염	약		
절개지		질감	보통	생장	빠름		
색깔	꽃	백색 4~5월	열매	적색	단풍	황적색	

앵두나무

과 명 장미과
학 명 *Prunus tomentosa*
영 명 Korean Cherry

성 상 낙엽활엽관목
적 응 전국
원산지 한국 · 중국

5-11

앵두나무의 꽃

수형

단풍

열매(앵도)

배식 참고사항

- 옛부터 농촌 및 도시의 울타리 밑에 심어 온 나무이다.
- 잎보다 먼저 피는 흰색 또는 연분홍색 꽃은 작지만 향기가 있고 아름답다.
- 6월경에 적색으로 달리는 열매는 관상가치가 높으며 즐겨 먹는다.
- 독립수 · 차폐용 · 경계식재용으로 이용되며 전정에 강하기 때문에 생울타리용으로도 적합하다.
- 양수이나 다소 그늘진 곳에서도 잘 살며, 건조한 곳과 공해가 많은 곳에서는 생장이 불량하다.
- 천근성이기는 하나 뿌리가 길게 뻗는 성질이 있다.

배식대상지		형태적특성		생태적특성			
단지입구		잎	호생 도란형 · 타원형	내한성	강	토성	사질양토
주요지점				음양성	중용	양분	비옥지
주거동 전면	◎	꽃	1~2개씩 달림	수분	적윤지	토양반응	
주거동 주변	○			공해	중	내조성	
주차장 주변	○	열매	핵과 구형 잔털이 밀생	맹아력	강	성목 : 2~3m 근계 : 천근성 수형 : 부채꼴	
외곽 녹지	○			이식	용이		
가로수		수피	회갈색	내염	약		
절개지		질감	거칠음	생장	빠름		
색깔	꽃	백색·연분홍 4월	열매	적색 6월	단풍	황색	

장미

과 명 장미과
학 명 *Rosa hybrida*
영 명 Rose

성 상 낙엽활엽관목
적 응 전국
원산지 중국

5-12

베이지색 장미꽃

수형

흰색 꽃

열매

덩굴장미

배식 참고사항

- 보통 오늘날의 장미는 Hybrid Tea, Floribunda, Climbing Rose, Miniature 등 네 가지 계통으로 나눌 수 있으며, 품종은 그 수를 헤아릴 수 없을 정도로 많고, 꽃의 크기와 색깔도 다양하며, 또 홑·겹의 것도 있어 다채롭다.
- 장미는 원래 일계개화성이었는데 오늘날의 장미는 사계개화성으로 개발되어 봄부터 가을까지 연중 개화하기 때문에 감상기간이 대단히 길다.
- 장미는 병충해 및 내한성에 약하고 거름을 많이 요구하는 등 많은 단점을 지니고 있어 지속적인 관리가 뒤따라야 한다.

비 고

- 덩굴장미 : 줄기가 강직하고 매년 새가지가 발생하여 덩굴모양으로 뻗으며 가지 전면에 겹꽃이 아름답게 핀다. 아치·트렐리스·발코니 밑이나 벽 등에 올려 감상한다.

배식대상지		형태적특성		생태적특성			
단지입구		잎	호생 타원형 광택	내한성	강	토성	사질양토
주요지점	○			음양성	양	양분	비옥지
주거동 전면	◎	꽃	산방화서	수분	적윤지	토양반응	
주거동 주변	○			공해	강	내조성	
주차장 주변	○	열매	수과 원형·난형	맹아력	강	성목 : 1~2m 근계 : 수형 : 부채꼴 →자연형	
외곽 녹지	△			이식	용이		
가로수		수피	녹갈색	내염	약		
절개지		질감	보통	생장	매우 빠름		
색깔	꽃	백색·적색·황색 6~7월	열매	홍황색	단풍		

해당화

과 명 장미과
학 명 *Rosa rugosa*
영 명 Rugosa Rose

성 상 낙엽활엽관목
적 응 전국
원산지 한국 · 중국 · 일본 5-13

해당화의 수형

붉은인가목

붉은색 꽃

흰색 꽃

열매

배식 참고사항

- 바닷바람에 강하고 해안 자생지의 경관이 아름다우며 도시조경에서도 많이 이용한다.
- 흰색 또는 홍자색 꽃은 겹 또는 홑으로 피고, 늦봄이나 초여름에 시작하여 여름내내 크고 화려하며, 특유의 향기가 있다.
- 적색으로 익는 열매 또한 아름다우며 식용하기도 하고, 가을의 단풍도 황색으로 물들어 찬란하다.
- 단식하는 것보다는 군식 또는 군락 식재하는 것이 좋으며, 경계식재나 생울타리로 적합하나 예리한 가시가 있어 어린이의 접근이 많은 곳은 피하는 것이 좋다.
- 화목류와의 혼식은 무난하지만, 큰 나무에 곁들여 심는 것은 어울리기 어렵다.

비 고

- 붉은인가목(*R. marretii*) : 중부 이북의 산지에 자생하고, 중용수이며 내한성 · 내조성 · 내공해성 · 맹아력이 강하다. 꽃은 5~6월에 연한 홍색으로 피고, 흰색 꽃이 피는 것을 흰인가목(*R. koreana*)이라 한다.

배식대상지		형태적특성		생태적특성			
단지입구		잎	호생 기수우상복엽 7~9개의 소엽	내한성	강	토성	사질양토 사토
주요지점				음양성	양	양분	보통토
주거동 전면	○	꽃	세가지 끝에 2~3개씩 달림	수분	적윤지 -내건	토양반응	
주거동 주변	○			공해	강	내조성	강
주차장 주변	○	열매	구형 · 편구형	맹아력	강	성목 : 1.5m 근계 : 수형 : 부채꼴	
외곽 녹지	○			이식	용이		
가로수		수피	회갈색	내염	약		
절개지		질감	거칠음	생장	빠름		
색깔	꽃	홍자색 5~7월	열매	적색 8~9월	단풍	황색	

개쉬땅나무

과 명 장미과
학 명 *Sorbaria sorbifolia* var. *stellipila*
영 명 Ural Falsespirea
성 상 낙엽활엽관목
적 응 전국
원산지 한국

5-15

개쉬땅나무의 수형

신엽

꽃

열매

단풍

배식 참고사항

- 중부 이북의 계곡과 산록에서 자생하는 나무이다.
- 6~7월의 꽃이 귀한 때에 가지끝에 원추형의 흰 꽃송이가 여름동안 계속피어 아름다우며 좋은 밀원이 된다.
- 잎은 다른 수목보다 일찍 나와 푸르러지고 우상으로 갈라져 거친 질감효과를 주나 단풍은 볼품이 없다.
- 단식보다는 군식하거나 하목으로 첨식한다.
- 어린 나무를 옮겨 심으면 당년에 개화하므로 조기조경에 필요한 나무이다.
- 양지를 좋아하나 음지에서도 강하고, 습지를 좋아하나 건조한 곳에서도 견디는 등 환경 적응성이 강하여 절개지·노건·황폐지의 녹화에 필요한 나무이다.

배식대상지		형태적특성		생태적특성			
단지입구		잎	호생 우상복엽 13~23개 소엽 복거치	내한성	강	토성	사질양토
주요지점				음양성	음	양분	보통토
주거동 전면	○	꽃	복총상화서 길이 10~20cm	수분	적윤지	토양반응	
주거동 주변	○			공해	강	내조성	
주차장 주변	○	열매	골돌	맹아력	강	성목 : 2~3m 근계 : 지하경 수형 : 부채꼴	
외곽 녹지	○			이식	용이		
가로수		수피	회갈색	내염	약		
절개지	◎	질감	보통	생장	매우 빠름		
색깔	꽃	백색 6~7월	열매	10월	단풍	황색	

낙엽관목

안개나무

과 명 옻나무과
학 명 *Cotinus coggygria*
영 명 Common Smoke Tree

성 상 낙엽활엽관목
적 응 전국
원산지 중국 · 히말라야

5-16

안개나무의 수형

꽃

열매

단풍

배식 참고사항

- 5~6월에 담자색의 작은 꽃이 달리며, 개화 후 화경이 점차 자라면서 털이 생겨나, 안개가 낀 것처럼 보여서 안개나무라고 부른다.
- 내건성이 강하며, 특히 척박한 토양에서도 생육이 아주 왕성하며, 그늘진 곳보다는 햇볕이 잘드는 양지쪽이 좋다.
- 경계식재나 차폐식재용으로 사용되나 완벽한 차폐효과를 거두기는 어렵다.
- 단식보다는 군식이 어울린다.

비 고

- 여러 종류의 품종이 있다.
- 'Flame' : 가을에 특히 낙엽의 색깔이 좋으며, 적황색으로 단풍이 든다.
- 'Pendulous' : 가지가 밑으로 처지는 수형이다.

<table>
<tr><th colspan="2">배식대상지</th><th colspan="2">형태적특성</th><th colspan="4">생태적특성</th></tr>
<tr><td>단지입구</td><td></td><td rowspan="2">잎</td><td rowspan="2">호생
기수우상복엽
난형 · 도란형</td><td>내한성</td><td>강</td><td>토성</td><td>사질양토</td></tr>
<tr><td>주요지점</td><td>○</td><td>음양성</td><td>양</td><td>양분</td><td></td></tr>
<tr><td>주거동 전면</td><td>○</td><td rowspan="2">꽃</td><td rowspan="2">원추화서
개화 후 흰털이
생김</td><td>수분</td><td>내건</td><td>토양반응</td><td></td></tr>
<tr><td>주거동 주변</td><td>○</td><td>공해</td><td>강</td><td>내조성</td><td></td></tr>
<tr><td>주차장 주변</td><td>○</td><td rowspan="2">열매</td><td rowspan="2">핵과
신장형</td><td>맹아력</td><td></td><td colspan="2" rowspan="4">성목 : 3~5m
근계 :
수형 : 원형 · 타원형</td></tr>
<tr><td>외곽 녹지</td><td>○</td><td>이식</td><td>용이</td></tr>
<tr><td>가로수</td><td></td><td>수피</td><td>자갈색 · 피목</td><td>내염</td><td></td></tr>
<tr><td>절개지</td><td>○</td><td>질감</td><td>보통</td><td>생장</td><td></td></tr>
<tr><td>색깔</td><td>꽃</td><td>담자색 5~6월</td><td>열매</td><td>적녹색 6~7월</td><td>단풍</td><td colspan="2">황색</td></tr>
</table>

박태기나무

과명 콩과
학명 *Cercis chinensis*
영명 Chinese Redbud

성 상 낙엽활엽관목
적 응 전국
원산지 중국

박태기나무의 군식 수형

꽃

열매

단풍

배식 참고사항

- 중부 이남에서 관상수로 심고 있다.
- 4월 말경에 잎보다 먼저 피는 자홍색의 꽃이 아름다우며, 특이한 색감효과를 나타낸다.
- 잎은 심장형으로 정형적이며 아름답다.
- 생울타리용 또는 경계식재용으로 적합하다.
- 양지에서 잘 자라며 수분요구도와 비옥도가 낮아 황폐지나 척박지에 심어도 잘 자라고, 내염성도 강하다.
- 천근성이기는 하나 뿌리가 거칠고 잔뿌리가 적어 분을 만들기가 어려우므로 뿌리가 건조하지 않게 하는 것이 활착을 쉽게 한다.
- 석회함량이 적고 약간 습하며, 비옥한 사질양토에서 잘 자란다.

배식대상지		형태적특성		생태적특성			
단지입구		잎	호생 심장형 혁질, 광택	내한성	강	토성	사질양토
주요지점	○			음양성	양	양분	척박지
주거동 전면	◎	꽃	산형화서 꽃자루 없이 7~8개 이상 뭉쳐핌	수분	적윤지	토양반응	
주거동 주변	○			공해	중	내조성	
주차장 주변	○	열매	협과 콩깍지모양 광택	맹아력	중	성목 : 2~4m 근계 : 천근성 수형 : 부채꼴	
외곽 녹지	○			이식	곤란		
가로수		수피	회백색	내염	강		
절개지	○	질감	보통	생장	매우 빠름		

색깔	꽃	자홍색 4월	열매	농갈색 8~9월	단풍	황색

싸리나무

과 명 콩과
학 명 *Lespedeza bicolor*
영 명 Bush Clover

성 상 낙엽활엽관목
적 응 전국
원산지 한국

싸리나무의 꽃

수형

생울타리

쪽제비싸리

배식 참고사항

- 우리나라 전국에 자생하며 토양을 가리지 않는 수종으로 척박지에서 잘 자라기 때문에 사방용으로 적합하고 밀원식물로도 중요하다.
- 개화기간이 오래되는 것은 100일간이나 되기도 한다.
- 맹아력이 좋아 생울타리로 사용해도 좋고, 유휴지 · 산야 · 척박지에 식재하여 경관을 조성할 수 있으며, 번식력이 높고 병충해 및 공해에도 강하다.
- 1년에 한 번씩 잘라주어야 왕성해진다.

비 고

- 족제비 싸리(*Amorpha fruticosa*) : 잎은 호생으로 기수 1회 우상복엽이며 꽃은 수상화서로 5~6월경에 자색으로 개화하는데 관상가치는 거의 없으나 향기가 난다. 척박한 토양에서도 잘 자라기 때문에 토양안정을 위한 피복용으로 이용된다.

배식대상지		형태적특성		생태적특성			
단지입구		잎	3출엽 도란형	내한성	강	토성	사질양토 점토
주요지점				음양성	양	양분	척박지
주거동 전면	○	꽃	총상화서	수분	내건	토양반응	
주거동 주변	○			공해	강	내조성	
주차장 주변	○	열매	협과	맹아력	강	성목 : 3m 근계 : 수형 : 부채꼴	
외곽 녹지	○			이식	용이		
가로수		수피	회갈색	내염	강		
절개지	◎	질감	보통	생장	매우 빠름		
색깔	꽃	홍자색 7~8월	열매	갈색 10월	단풍	황색	

탱자나무

과 명 운향과
학 명 *Poncirus trifoliata*
영 명 Trifoliata Orange

성 상 낙엽활엽관목
적 응 경기도 이남
원산지 중국

탱자나무의 꽃

수형

열매(탱자)

단풍

배식 참고사항

- 봄에 피는 백색의 꽃이 나무 전체를 뒤덮어 대단히 아름답다.
- 가을에 익는 노란 열매는 약용으로 쓰이며 관상가치가 높고 향기 또한 좋다.
- 가지는 녹색을 띠며 많은 가시를 달고 있다.
- 남부 지방에서 생울타리 또는 차폐용으로 이용하고 있으며, 귤나무의 대목으로 이용되기도 한다.
- 과수원이나 주택의 생울타리에는 최적이다.

비 고

- 꽃은 가시가 나 있는 곳에 1개 또는 2개씩 달린다.
- 가지는 편평하고 녹색이며 길이 1~5cm 정도의 굳센 가시가 어긋나 있다.
- 열매는 지름 3~5cm로서 둥글며 향기는 좋으나 먹을수 없는데 간혹 약용으로 쓰인다.

배식대상지		형태적특성		생태적특성			
단지입구		잎	호생 3출엽 혁질, 둔거치	내한성	중	토성	사질양토
주요지점				음양성	중용	양분	비옥지
주거동 전면	△	꽃	정생, 액생	수분	적윤지	토양반응	
주거동 주변	○			공해	중	내조성	
주차장 주변	○	열매	장과 구형	맹아력	강	성목 : 3m 근계 : 수형 : 원형	
외곽녹지	○			이식	곤란		
가로수		수피	녹색	내염	강		
절개지		질감	보통	생장	보통		
색깔	꽃	백색 4~5월	열매	황색 9월	단풍	황색	

낙엽관목

낙상홍

과 명 감탕나무과
학 명 *Ilex serrata* var. *sieboldii*
영 명 Japanese Winterberry
성 상 낙엽활엽관목
적 응 중부 이남
원산지 일본

5-20

낙상홍의 열매

큰낙상홍의 열매

열매 달린 수형

꽃

수형

배식 참고사항

- 적색의 아름다운 열매가 겨울까지 남아있어 조경수로 더욱 가치 있고 새의 먹이가 된다.
- 자연 그대로의 수형이 유지되고 생장도 느리기 때문에 식재시 1.2m~1.5m의 크기의 나무로 첨식하거나, 눈에 띄는 곳에 독립식재 또는 군식한다.
- 건조하지 않은 토양에서는 어디서나 잘 자라고 바닷가와 도심지에서도 생장력이 좋다.
- 천근성이며 맹아력이 강하여 이식은 용이하나, 건조를 싫어하여 활착할 때까지 관수에 유의할 필요가 있다.

비 고

- 자웅이주이므로 많은 열매를 달리게 하자면 숫나무를 곁들여 심어 놓아야 한다.

배식대상지		형태적특성		생태적특성			
단지입구		잎	호생 장타원형 거치	내한성	강	토성	사질양토
주요지점	◎			음양성	중용	양분	비옥지
주거동 전면	○	꽃	이가화 작은 꽃이 산형상 모여핌	수분	적윤지	토양반응	
주거동 주변	○			공해	강	내조성	강
주차장 주변	○	열매	핵과	맹아력	강	성목 : 2~5m 근계 : 천근성 수형 :	
외곽 녹지	○		소구형	이식	용이		
가로수		수피	회갈색	내염	강		
절개지		질감		생장	느림		
색깔	꽃	담홍색 6월	열매	적색 10월	단풍	적색	

낙엽관목

화살나무

과 명 노박덩굴과
학 명 *Euonymus alatus*
영 명 Winged Euonymus

성 상 낙엽활엽관목
적 응 전국
원산지 한국 · 일본 · 중국

화살나무 줄기의 모양

단풍

회잎나무

꽃

열매

배식 참고사항

- 우리나라 산야에 자생하고 가지에 2~5종열로 발달한 화살모양의 코르크 날개와 가을의 단풍이 매혹적이다.
- 단풍드는 관목의 대표적인 수종으로 자연 그대로의 수형이 아름답다.
- 5월에 지름 5mm 정도의 매우 작은 황록색 꽃이 은은하게 피며 가을의 붉은색 열매는 12월까지 달려있다.
- 하목식재용 · 경계식재 · 차폐식재용으로 쓰이며 군식하면 아름답다.
- 천근성 수종으로 세근이 많으며 맹아력이 강하여 이식이 용이하다.
- 토양에 대한 적응성 넓으며, 건조에 매우 강하다.

비 고

- 회잎나무(for. *ciliato-dentatus*) : 가지에 날개가 없다.

배식대상지		형태적특성		생태적특성			
단지입구		잎	대생	내한성	강	토성	사질양토
주요지점	◎		타원형, 도란형	음양성	음	양분	보통토
주거동 전면	○	꽃	취산화서	수분	내건	토양반응	
주거동 주변	○		액생, 2~3개 달림	공해	중	내조성	
주차장 주변	○	열매	삭과	맹아력	강	성목 : 1.5~3m 근계 : 천근성 수형 : 평정형	
외곽 녹지	○		구형	이식	용이		
가로수		수피	회갈색	내염	강		
절개지	○	질감	보통	생장	느림		
색깔	꽃	황록색 5~6월	열매	적색 9~10월	단풍	적색	

보리수나무

과 명 보리수나무과
학 명 *Elaeagnus umbellata*
영 명 Autumn Elaeagnus

성 상 낙엽활엽관목
적 응 전국
원산지 한국 · 중국 · 일본 5-22

보리수나무의 꽃

수형

열매

뜰보리수

배식 참고사항

- 우리나라 산야에 자생하고, 5~6월에 나무를 덮는 백색 꽃이 아름답고 밀원이 되며, 잎도 은백색으로 특이하다.
- 10월에 적색으로 익는 열매는 관상가치가 있고 먹기도 한다.
- 뿌리혹 박테리아가 있어 척박지나 사방용 수목으로 이용한다.
- 내한성이 매우 강하고 척박한 토양에서도 생육이 왕성하며 사토 및 산성 토양에서도 잘 견딘다.
- 맹아력이 왕성하고 줄기의 가지가 침으로 변하기도 하여 생울타리로 사용하면 좋다.

비 고

- 왕보리수(var. *coreana*) : 잎이 광타원형 또는 원형으로 크다.
- 뜰보리수(*E. multiflora*) : 일본산으로 꽃은 연한 황색으로 피고 7월에 적색의 긴 타원형으로 익는 열매는 먹을 수 있다. 중부지방에서 월동이 가능하고, 내조성 · 내염성 · 맹아력이 강한 편이며 척박한 토양에서도 잘 견딘다.

배식대상지		형태적특성		생태적특성			
단지입구		잎	호생 타원형	내한성	강	토성	사질양토
주요지점				음양성	중용	양분	척박지
주거동 전면	○	꽃	일가화 엽액에 1~7개 산형으로 달림	수분	적윤지 -내건	토양반응	
주거동 주변	○			공해	강	내조성	강
주차장 주변	○	열매	장과 구형	맹아력	강	성목 : 3~4m 근계 : 수형 : 타원형	
외곽 녹지	○			이식	용이		
가로수		수피	회색	내염	강		
절개지	◎	질감	고움	생장	빠름		
색깔	꽃	백색→담황색 5~6월	열매	적색 10월	단풍	황색	

오갈피나무

과 명 두릅나무과
학 명 *Acanthopanax sessiliflorus*
영 명 Five Leaf Aralia

성 상 낙엽활엽관목
적 응 전국
원산지 한국

오갈피나무의 열매

섬오갈피나무

수형

꽃

단풍

배식 참고사항

- 특유의 향이 있으며 차나 술의 원료가 되는 중요한 자원식물이다.
- 가을의 검은색 열매는 관상가치가 높고 줄기에는 굵은 가시가 있다.
- 내한성・내공해성・맹아력이 강하며 병충해가 별로 없다.
- 수분이 있고 바위가 많은 입지를 좋아하며 음지에서는 생육이 불량하다.
- 꽃은 밀원이 되며, 겨울철에도 달려있는 열매는 새의 먹이로 이용된다.
- 생울타리로 사용하면 좋다.
- 잎이 5개로 갈라져 오갈피나무라 부른다.

비 고

- 섬오갈피나무(*A. koreanum*) : 제주도에 드물게 자라는 나무로 내한성이 강하여 서울지방에서도 월동할 수 있다. 차나 술의 원료가 되고 가을의 적색 열매가 아름다우며 맹아력이 강하고 성장이 빠른 편이다. 음수로서 하목식재로 권장할 만한 나무이다.

배식대상지		형태적특성		생태적특성			
단지입구		잎	호생 장상복엽 소엽은 3~5개	내한성	강	토성	사질양토
주요지점				음양성	중용	양분	비옥지
주거동 전면	△	꽃	산형화서	수분	호습	토양반응	
주거동 주변	○			공해	중	내조성	
주차장 주변	○	열매	장과 구형	맹아력	중	성목 : 3~4m 근계 : 수형 : 우산형	
외곽 녹지	○			이식	보통		
가로수		수피	흑갈색	내염	약		
절개지		질감	거칠다	생장	느림		
색깔	꽃	자색・황록색 8~9월	열매	흑색 9~10월	단풍	황색	

낙엽관목

흰말채나무

과 명 층층나무과
학 명 *Cornus alba*
영 명 Redtwig Dogwood

성 상 낙엽활엽관목
적 응 중부 이상
원산지 한국

5-24

흰말채나무의 수형

겨울의 흰말채나무 줄기

꽃

열매

노랑말채나무의 줄기

배식 참고사항

- 우리나라 자생종으로 크게 자라는 말채나무와는 성질이 다르고, 원산지는 함북 혜산진이나 중부 이남에서도 생육이 가능하다.
- 수피가 여름에는 녹색이나 가을부터 가지에 붉은 빛이 돌아 아름다우며, 특히 겨울에 흰눈을 배경으로 한 붉은 가지는 매혹적이다.
- 양지와 음지에서 모두 잘 자라며 내한성이 매우 강하고, 내공해성과 내염성은 다소 약하다.
- 수분이 적당한 사질양토에서 생장이 양호하다.

비 고

- 노랑말채나무('Aurea') : 가지가 노란 색이다.

배식대상지		형태적특성		생태적특성			
단지입구		잎	대생 타원형	내한성	강	토성	사질양토
주요지점				음양성	중용	양분	비옥지
주거동 전면	○	꽃	취산화서	수분	적윤지	토양반응	
주거동 주변	○			공해	약	내조성	
주차장 주변	○	열매	핵과 타원형	맹아력	강	성목 : 3m 근계 : 수형 : 부채꼴	
외곽 녹지	○			이식	보통		
가로수		수피	청색→적색	내염	약		
절개지	○	질감	보통	생장	매우 빠름		
색깔	꽃	황백색 5~6월	열매	백색 8~9월	단풍	적색	

홍철쭉

과 명 진달래과
학 명 *Rhododendron japonicum*
영 명 Japanese Azalea

성 상 낙엽활엽관목
적 응 전국
원산지 일본

황철쭉의 수형

엑스바리 철쭉

홍철쭉의 수형

홍철쭉 꽃

황철쭉 꽃

배식 참고사항

- 다른 철쭉류에 비해 꽃이 매우 아름답고 화려하며, 우리나라의 철쭉꽃과 비슷하다.
- 적습지를 좋아하나 내건 · 내습성이 있어 건조지나 습지주변에서도 생육이 좋다.
- 도로경관조성용 · 경계식재용으로 쓰이며, 단지내 · 공원 어느 곳에나 이용가능하고 단식 · 군식 모두 좋다.
- 꽃과 열매에 독성이 있어 어린이가 많이 접근하는 곳에는 식재하지 않는 것이 좋다.

비 고

- 황철쭉(for. *flavun*) : 꽃색이 밝고 꽃이 황색으로 눈부시게 빛나며 색의 질감이 강하므로 색의 배합에 신경을 써야 한다.
- 엑스바리 철쭉 : 교잡으로 얻은 우량종으로 꽃이 특히 호화롭고 꽃색이 선명하다.

배식대상지		형태적특성		생태적특성			
단지입구		잎	호생 도피침형	내한성	강	토성	사질양토
주요지점	◎			음양성	중용	양분	보통토
주거동 전면	○	꽃	2~8개 모여핌 화관이 5열	수분	적윤지	토양반응	
주거동 주변	○			공해	중	내조성	강
주차장 주변	○	열매	삭과	맹아력	중	성목 : 1~2m 근계 : 천근성 수형 : 원형	
외곽 녹지	○			이식	보통		
가로수		수피	황갈색	내염	강		
절개지		질감	보통	생장	느림		
색깔	꽃	주홍색 4~6월	열매	갈색 9~10월	단풍	황색	

낙엽관목

진달래

과 명 진달래과
학 명 *Rhododendron mucronulatum*
영 명 Korean Rhododendron

성 상 낙엽활엽관목
적 응 전국
원산지 한국

5-26

흰진달래 꽃

수형

분홍색 꽃

열매

단풍

배식 참고사항

- 4월에 잎보다 먼저 피는 꽃은 산 전체를 붉게 물들이며, 꽃잎은 생식하거나 술을 담근다.
- 소나무와 함께 우리나라의 자연스러운 경관을 표현할 수 있는 나무이다.
- 산성토양에서 잘 자라며 주로 북서쪽 및 다소 습기있는 곳에서 많이 자란다.
- 단지 · 공원에 적당하고 특히 도로경관 조성에는 필수적인 나무이다.
- 중용수로 석양이 비치는 것을 싫어하고, 적윤지를 좋아하나 토성은 가리지 않아 어느 곳에서나 잘 자란다.

비 고

- 유사종으로 적색 · 분홍색 · 백색 꽃이 피는 것이 있으며, 백색 꽃은 관악산 · 광릉에 자생하는데 귀하여 개발할 만한 가치가 있다.
- 흰진달래(for. *albiflorum*) : 꽃색이 백색이다.

배식대상지		형태적특성		생태적특성			
단지입구		잎	호생 타원상피침형	내한성	강	토성	사질양토
주요지점	◎			음양성	중용	양분	보통토
주거동 전면	○	꽃	양성화 3~6개로 정생 깔대기 모양	수분	적윤지	토양반응	산성토양
주거동 주변	○			공해	중	내조성	강
주차장 주변	○	열매	삭과 원형	맹아력	강	성목 : 2~3m 근계 : 천근성 수형 : 원형	
외곽 녹지	○			이식	보통		
가로수		수피	황갈색	내염	강		
절개지	○	질감	고움	생장	느림		
색깔	꽃	자홍 · 담홍색 4월	열매	황갈색 10월	단풍	적색	

철쭉나무

과 명 진달래과
학 명 *Rhododendron schlippenbachii*
영 명 Korean Azalea
성 상 낙엽활엽관목
적 응 전국
원산지 한국 · 일본 · 만주

5-27

철쭉나무의 꽃

단풍

수형

열매

흰철쭉

배식 참고사항

- 5월에 잎과 함께 피는 분홍꽃은 화사한 느낌을 주고 향기가 나며 제주도에 자생하는 참꽃나무와는 다른 종이다.
- 진달래에 비해 잎이 끈끈하고 3~4개 잎이 윤생하는 것이 특징이다. 꽃잎의 윗부분에는 적갈색 반점이 있으며, 독성이 있어 먹지 못하여 개참꽃나무라고도 한다.
- 대기오염에 대한 적응력이 약하다.
- 생장이 느리고 세근이 적으므로 이식이 어렵고, 토양에 대한 적응력이 약하다.

비 고

- 흰철쭉(for. *albiflorum*) : 꽃이 백색이며 주로 토양수분이 높고 배수가 양호한 양지바른 곳에서 자란다. 조경적 가치가 매우 크며, 단식 · 군식 모두 좋다.

배식대상지		형태적특성		생태적특성			
단지입구		잎	호생, 가지 끝에는 4~5개씩 총생 도란형	내한성	강	토성	사질양토
주요지점	◎			음양성	음	양분	비옥지
주거동 전면	○	꽃	양성화 산형화서	수분	적윤지	토양반응	산성토양
주거동 주변	○			공해	약	내조성	강
주차장 주변	○	열매	삭과 장타원상 난형	맹아력	약	성목 : 2~5m 근계 : 수형 : 원형	
외곽 녹지	○			이식	곤란		
가로수		수피	황갈색	내염	강		
절개지		질감	보통	생장	느림		
색깔	꽃	분홍색 5~6월	열매	황갈색 10월	단풍	등황색	

낙엽관목

산철쭉

과 명 진달래과
학 명 *Rhododendron yedoense* var. *poukhanense*
영 명 False Rosebay
성 상 낙엽활엽관목
적 응 전국
원산지 한국 · 일본

5-28

산철쭉의 수형

단풍

겹산철쭉(겹철쭉)

흰산철쭉(백철쭉)

열매

배식 참고사항

- 4~5월에 진달래가 지기 시작하면서 홍자색으로 화사하게 피는 꽃은 매우 아름다우나 독성이 있어 식용할 수 없다.
- 가을의 단풍과 낙엽후의 수형도 좋다.
- 화관은 홍자색 깔대기 모양이며 윗 부분에 검은 반점이 있다.
- 내한성과 맹아력이 매우 강하고, 유묘에서부터 개화하므로 조기에 조경효과를 얻을 수 있다.
- 적습한 보통의 사질양토 또는 사토에서 잘 자란다.

비 고

- 겹산철쭉(*R. yedoense*) : 겹꽃이며 열매를 맺지 않는다.
- 흰산철쭉(for. *albiflora*) : 백색의 꽃이 개화한다.

배식대상지		형태적특성		생태적특성			
단지입구		잎	호생 장타원형	내한성	강	토성	사질양토
주요지점	◎			음양성	양	양분	보통토
주거동 전면	○	꽃	가지 끝에 2~3개씩 모여핌 깔대기 모양	수분	적윤지	토양반응	
주거동 주변	○			공해	강	내조성	강
주차장 주변	○	열매	삭과 난형	맹아력	강	성목 : 1~2m 근계 : 천근성 수형 : 원형	
외곽 녹지	○			이식	용이		
가로수		수피	황갈색	내염	강		
절개지	○	질감	고움	생장	느림		
색깔	꽃	홍자색 4~5월	열매	황갈색 9월	단풍	적황색	

노린재나무

과 명 노린재나무과
학 명 *Symplocos chinensis* var. *pilosa*
영 명 Sweet Leaf
성 상 낙엽활엽관목
적 응 전국
원산지 한국 · 일본

5-29

노린재나무의 꽃

수형

검노린재의 열매

단풍

배식 참고사항

- 우리나라 산야에서 쉽게 찾아낼 수 있는 나무로 5월에 피는 꽃은 짙은 향기가 있고 수술이 길어 야성미가 있다.
- 가을에 열리는 보라색 열매가 대단히 아름다우며 수형도 좋은 편이다.
- 큰 나무 밑에 곁들여 심는 것이 어울리며 크게 자란 것은 단식으로도 사용한다.
- 다소 심근성으로 뿌리가 굵고 길지만 세근이 발달하여 활착이 비교적 용이하다.
- 내음성 · 내건성 등이 강하여 토양에 대한 적응력이 높고, 해안가에서도 잘 자란다.

비 고

- 흰노린재(var. *leucocarpa*) : 열매가 백색으로 성숙한다.
- 검노린재(*S. paniculata*) : 열매가 흑색으로 성숙한다.

배식대상지		형태적특성		생태적특성			
단지입구		잎	호생 타원형	내한성	강	토성	사질양토
주요지점				음양성	중용	양분	보통토
주거동 전면	○	꽃	원추화서	수분	적윤지	토양반응	
주거동 주변	○			공해	약	내조성	
주차장 주변	○	열매	장과 타원형	맹아력	강	성목 : 1~3m 근계 : 심근성 수형 : 우산형	
외곽 녹지	○			이식	보통		
가로수		수피	회백색	내염	강		
절개지	○	질감	거칠다	생장	느림		
색깔	꽃	백색 · 황백색 5월	열매	벽색 9월	단풍	황색	

미선나무

과 명 물푸레나무과
학 명 *Abeliophyllum distichum*
영 명 White Forsythia

성 상 낙엽활엽관목
적 응 전국
원산지 한국(충북 진천)

5-30

미선나무의 꽃

분홍미선

열매

수형

배식 참고사항

- 3~4월에 잎보다 먼저 개화하는 흰색꽃은 약간의 향기가 있고 개나리와 흡사하다.
- 가을에 결실하는 열매는 모양이 부채같다 하여 미선나무라 한다.
- 세계적으로 1속 1종 밖에 없는 우리나라의 특산이며 희귀종으로 대개 군락을 형성하여 자생한다.
- 이식력이 강하고 생육이 용이하다.
- 항시 수분이 있는 곳을 좋아하고 건조한 곳에서는 생장이 좋지 않으며, 바닷가에서는 피해를 입는다.
- 개나리와 같은 용도로 사용한다.
- 천연기념물로 지정되어 있어 교육용으로 식재하면 좋다.

비 고

- 분홍미선(for. *lilacinum*) : 분홍색으로 개화한다.

배식대상지		형태적특성		생태적특성			
단지입구		잎	대생 난형·장란형	내한성	강	토성	사질양토
주요지점				음양성	중용	양분	보통토
주거동 전면	○	꽃	총상화서	수분	적윤지	토양반응	
주거동 주변	○			공해	중	내조성	
주차장 주변	○	열매	삭과 원형으로 부채 모양의 둥근 날개가 달림	맹아력	강	성목 : 1.5m 근계 : 수형 : 우산형	
외곽 녹지	○			이식	용이		
가로수		수피	회갈색	내염	강		
절개지		질감	보통	생장	빠름		
색깔	꽃	백색 3~4월	열매	적황색 9월	단풍	황색	

개나리

과 명 물푸레나무과
학 명 *Forsythia koreana*
영 명 Korean Forsythia

성 상 낙엽활엽관목
적 응 전국
원산지 한국

개나리의 수형

만리화의 수형

꽃

열매

단풍

배식 참고사항

- 우리 주변에서 가장 많이 볼 수 있는 나무로 4월에 잎보다 먼저 피는 노란색 꽃이 아름다운 나무이다.
- 맹아력도 강하고 생장속도도 빨라 조기 녹화용으로 이용하며, 유묘시에도 개화하여 초기에 조경 효과를 거둘 수 있다.
- 차폐식재 · 경계식재 · 사방식재 등으로 쓰이고, 식재는 군식 · 열식하며 때때로 둥글게 다듬어서 정형적으로 쓰기도 한다.
- 생장속도가 매우 빠르고, 내한성 · 내음성 · 내공해성이 강하며 토양에 대한 적응력이 매우 커서 척박지 등에 이용범위가 넓다.

비 고

- 만리화(*F. ovata*) : 우리나라 특산으로 몇 개의 줄기가 포기를 형성하나 개나리처럼 가지가 늘어지지 않고, 개나리보다 내한성이 강하고 잎이 크며, 꽃이 10일 정도 먼저 핀다.

배식대상지		형태적특성		생태적특성			
단지입구		잎	대생 난상 피침형	내한성	강	토성	사질양토
주요지점	○			음양성	중용	양분	보통토
주거동 전면	○	꽃	엽액에 1~3개씩	수분	적윤지	토양반응	
주거동 주변	○			공해	강	내조성	
주차장 주변	○	열매	삭과 난형	맹아력	강	성목 : 3m 근계 : 수형 : 원형	
외곽 녹지	○			이식	용이		
가로수		수피	황갈색	내염			
절개지	◎	질감	보통	생장	매우 빠름		
색깔	꽃	황색 4월	열매	갈색 9월	단풍	황색	

쥐똥나무

과 명	물푸레나무과	성 상	낙엽활엽관목
학 명	*Ligustrum obtusifolium*	적 응	전국
영 명	Ibota Privet	원산지	한국 · 일본

5-32

상동잎 쥐똥나무의 수형

금테쥐똥나무

꽃

열매

다듬어진 생울타리

배식 참고사항

- 5~6월에 새가지 끝에 흰색으로 뭉쳐피는 꽃은 향기가 짙으며, 잔잔하고 촘촘하게 달리는 잎도 아름답다.
- 10월에 흑색으로 달리는 열매가 쥐똥과 비슷하게 생겨 쥐똥나무라 한다.
- 광나무와는 달리 잎이 작고 치밀하며 내한성이 강하다.
- 맹아력도 강해 정형적인 수형다듬기가 용이하고, 적응성이 높아 어느 곳에서나 식재가 가능하며, 생울타리 조성에는 최적이다.
- 이식시기는 3~4월이 적기이지만, 천근성이고 세근이 많아 언제든지 이식이 가능하다.

비 고

- 금테쥐똥나무(var. *variegatum*) : 금색무늬가 있다.
- 상동잎쥐똥나무(*L. quihoui* var. *latifolium*) : 7월에 길이 10~20cm의 꽃이 원추상으로 핀다.

배식대상지		형태적특성		생태적특성			
단지입구		잎	대생 장타원형	내한성	강	토성	사질양토
주요지점				음양성	중용	양분	보통토
주거동 전면		꽃	일가화 총상, 복총상 화서	수분	적윤지	토양반응	
주거동 주변	○			공해	강	내조성	강
주차장 주변	○	열매	핵과 난원형	맹아력	강	성목 : 2~3m 근계 : 천근성 수형 : 부정형	
외곽녹지	○			이식	용이		
가로수		수피	흑갈색	내염	강		
절개지	○	질감	고움	생장	매우 빠름		
색깔	꽃	백색 5~6월	열매	흑색 10월	단풍		

수수꽃다리

과 명 물푸레나무과
학 명 *Syringa dilatata*
영 명 Common Lilac

성 상 낙엽활엽관목
적 응 전국
원산지 한국 · 중국

5-33

라일락의 꽃

정향나무

수형

흰색 라일락

수수꽃다리

배식 참고사항

- 전년지 끝에 대생으로 달리는 담자색의 원추화서가 아름다우며 짙은 향기가 특징이다.
- 꽃이 수수이삭 같다하여 수수꽃다리라 이름하였으며, 난형 또는 심장형의 잎도 시원한 느낌을 준다.
- 도입종이 있어 꽃색이 다양하다.
- 병충해에 강하며 토질도 별로 가리지 않는 나무이다.
- 보도주변에 열식하거나 차폐식재, 생울타리용으로 쓰이며 군식하여도 아름답다.

비 고

- 라일락(양정향나무, *S. vulgaris*) : 유럽산으로 낙엽소교목이고, 수형은 거의 구형이며, 꽃이 대형이고 향기가 짙게 난다.
- 정향나무(*S. velutina* var. *kamibayashii*) : 깊은 산에서 자라는 나무로 5월에 피는 홍자색 꽃에는 은은한 향기가 있다.

배식대상지		형태적특성		생태적특성			
단지입구		잎	대생 난형	내한성	강	토성	사질양토
주요지점				음양성	중용	양분	비옥지
주거동 전면	○	꽃	원추화서	수분	적윤지	토양반응	
주거동 주변	◎			공해	강	내조성	강
주차장 주변	○	열매	삭과 타원형	맹아력	강	성목 : 5m 근계 : 수형 : 타원형	
외곽 녹지	○			이식	용이		
가로수		수피	흑갈색	내염	강		
절개지	△	질감	거칠음	생장	빠름		
색깔	꽃	담자색 4~5월	열매	9월	단풍	황색 · 적색	

좀작살나무

과 명 마편초과
학 명 *Callicarpa dichotoma*
영 명 Chinese Beauty－berry

성 상 낙엽활엽관목
적 응 전국
원산지 한국 · 중국 · 일본

5-34

작살나무의 꽃

단풍

작살나무

흰작살나무

좀작살나무

배식 참고사항

- 8월에 피는 담자색 꽃은 미약하나 땅에 드리워지는 수형이 좋다.
- 10월에 나무를 온통 덮는 짙은 자주색 열매는 대단히 아름다우며 새의 좋은 먹이가 된다.
- 작살나무의 열매보다 작고 색이 짙다.
- 겨울눈의 모양이 작살같아 작살나무라 한다.
- 열식이나 군식을 하며 경계식재용으로 이용하고 하목으로도 좋은 나무이다.
- 적응성이 강하여 어느 곳에서나 잘 살며 바닷가와 도시에서도 잘 자란다.

비 고

- 작살나무(*C. japonica*) : 잎은 대생으로 도란형이며 거치가 있다. 연한 자주색의 꽃과 자주색의 열매가 특이하다.
- 흰작살나무(var. *leucocarpa*) : 작살나무의 변종으로 열매가 백색이다.

배식대상지		형태적특성		생태적특성			
단지입구		잎	대생 도란형	내한성	강	토성	사질양토
주요지점				음양성	중용	양분	보통토
주거동 전면	○	꽃	양성화 취산화서 10~20개씩 뭉쳐핌	수분	적윤지	토양반응	
주거동 주변	○			공해	중	내조성	강
주차장 주변	○	열매	핵과 소구형	맹아력	강	성목 : 1.5m 근계 : 수형 : 난형	
외곽 녹지	○			이식	용이		
가로수		수피	회갈색	내염	강		
절개지		질감	거침	생장	빠름		
색깔	꽃	담자색 8월	열매	농자색 10월	단풍	황색	

누리장나무

과 명 마편초과
학 명 *Clerodendron trichotomum*
영 명 Harlequin Glorybower
성 상 낙엽활엽관목
적 응 전국
원산지 일본

누리장나무의 꽃

수형

열매

단풍

배식 참고사항

- 강원도 및 황해도 이남의 산록이나 계곡 또는 바닷가에서 자라며 잎과 줄기에서 누린내가 난다하여 누리장나무라고 한다.
- 꽃이 아름답고 특수한 화형을 이루며, 가을에 열매가 벽색으로 익어 검게 되어 떨어지는데 적색의 꽃받침과 함께 브로치 모양으로 매우 아름답다.
- 꽃의 끝부분이 5개로 갈라지고, 새로 자란 가지 끝에 백색 또는 홍황색으로 개화하며, 꽃받침은 붉은 색이다.
- 우리나라에서는 냄새가 난다하여 식재를 꺼리는 경향이 있으나, 외국에서는 상당히 인정받는 나무이다.
- 천근성이기는 하나 뿌리가 거칠고 길게 뻗기 때문에 뿌리분을 붙여서 옮겨야 한다.
- 첨경수로 또는 하목으로 이용한다.

배식대상지		형태적특성		생태적특성			
단지입구		잎	대생 난형, 타원형	내한성	강	토성	사질양토
주요지점				음양성	중용	양분	척박지
주거동 전면		꽃	양성화 취산화서	수분	내건	토양반응	
주거동 주변	○			공해	강	내조성	
주차장 주변	○	열매	핵과 구형	맹아력	강	성목 : 2m 근계 : 천근성 수형 : 부채꼴	
외곽 녹지	○			이식	보통		
가로수		수피	흑갈색	내염	강		
절개지	○	질감	거칠다	생장	빠름		
색깔	꽃	백색·담홍색 8~9월	열매	벽색 10월	단풍	황색	

괴불나무

과 명 인동과
학 명 *Lonicera maackii*
영 명 Amur Honeysuckle

성 상 낙엽활엽관목
적 응 전국
원산지 한국 · 중국 · 일본

5-36

괴불나무의 열매

수형

괴불나무

왕괴불나무

홍괴불나무

배식 참고사항

- 5~6월에 피는 꽃은 백색으로 꽃의 달림이 질서정연하여 관상가치가 높을 뿐만 아니라 밀원으로서의 가치도 높다.
- 꽃은 백색에서 황색으로 변하고, 화경이 엽병보다 짧다.
- 가을의 잎사이에 조롱조롱 달리는 적색 열매는 관상가치도 높고 겨울까지 달려 있다가 새의 먹이가 된다.
- 공원의 숲이나 숲의 가장자리, 계곡 등지에 식재하면 좋다.

비 고

- 왕괴불나무(*L. vidalii*) : 중부 이남에서 자라며 꽃은 연한 황색으로 수술의 길이가 꽃잎의 길이와 같다.
- 홍괴불나무(*L. sachalinensis*) : 깊은 산에서 자라며 꽃잎의 색이 짙은 자홍색이다.
- 각시괴불나무(*L. chrysantha*) : 광릉의 산록에서 자생하고, 꽃자루가 1.5~2.5cm로 길다. 꽃은 향기와 함께 약10일 동안 피고, 붉은 열매는 광채를 내면서 겨울까지 달려있다.

배식대상지		형태적특성		생태적특성			
단지입구		잎	대생 타원형	내한성	강	토성	사질양토
주요지점	◎			음양성	중용	양분	비옥지
주거동 전면	○	꽃	양성화 액생	수분	적윤지	토양반응	
주거동 주변	○			공해	강	내조성	
주차장 주변	○	열매	장과 구형, 타원형	맹아력	중	성목 : 5m 근계 : 수형 : 부채꼴	
외곽 녹지	○			이식	보통		
가로수		수피	흑갈색, 박피	내염	강		
절개지	○	질감	거칠음	생장	느림		
색깔	꽃	백색→황색 5~6월	열매	적색 9~10월	단풍		

백당나무

과 명 인동과
학 명 *Viburnum sargentii*
영 명 Sargent Viburnum

성 상 낙엽활엽관목
적 응 전국
원산지 한국 · 중국

5-37

백당나무의 열매

수형

꽃

불두화

단풍

배식 참고사항

- 전국 계곡과 산록의 습한 지역에 자생한다.
- 봄에 꽃이 흰색으로 탐스럽게 피며 가을의 붉은 열매가 아름답다.
- 꽃은 수레바퀴 모양의 유성화관 주변에 백색중성화로 이루어져 있고, 열매는 9월에 적색으로 익으면 겨울까지 달려있으나 악취가 난다.
- 사찰에 많이 심고 있고, 주택단지나 공원 등에도 어울리나 열매의 악취로 동전면은 피하는 것이 좋다.
- 건조에 약하므로 직사광선을 피하여 하목으로 첨식하거나 다소 그늘진 곳에 심는다.

비 고

- 불두화(for. *sterile*) : 형태가 백당나무와 별로 차이가 없으며, 다만 꽃이 전부 백색인 중성화가 수국의 꽃과 같은 모양으로 크게 뭉쳐 피는 것이 다르다. 사찰에서 많이 식재한다.

배식대상지		형태적특성		생태적특성			
단지입구		잎	대생 원형 깊이 3개로 갈라짐	내한성	강	토성	사질양토
주요지점	○			음양성	중	양분	보통토
주거동 전면		꽃	취산화서	수분	적윤지	토양반응	
주거동 주변	○			공해	강	내조성	
주차장 주변	○	열매	핵과 타원형	맹아력	강	성목 : 3m 근계 : 수형 : 원형	
외곽 녹지	○			이식	용이		
가로수		수피	흑갈색	내염	강		
절개지		질감	거칠다	생장	느림		
색깔	꽃	백색 5~6월	열매	적색 9월	단풍	적갈색	

병꽃나무

과 명 인동과
학 명 *Weigela subsessilis*
영 명 Korean Weigela

성 상 낙엽활엽관목
적 응 전국
원산지 한국

5-38

병꽃나무의 꽃

색병꽃나무

수형

붉은병꽃나무

서양병꽃나무

배식 참고사항

- 꽃색이 야성적이고, 병모양으로 생긴 특이한 꽃은 끝이 5개로 갈라지며 황록색에서 적색으로 변한다.
- 줄기는 회백색으로 얼룩무늬가 있다.
- 개화시에는 꽃과 잎의 생김새가 아름답지만 낙엽후의 질감이 거칠어 차폐식재·하목 또는 생울타리의 경계식재가 어울린다.
- 생장이 빠르고 크게 자라므로 점유면적을 예측하고 식재하는 것이 좋다.

비 고

- 붉은병꽃나무(*W. florida*) : 늘어지는 붉은 가지와 함께 5월에 개화하는 담홍색의 꽃이 아름답다. 척박한 곳에서도 잘 자라고 수형이 거칠어 단식은 곤란하고 혼식·군식하는 것이 좋다.
- 서양병꽃나무('Nana Variegata') : 붉은병꽃나무의 원예종으로 꽃이 붉고 크다.
- 색병꽃나무(for. *alba*) : 붉은병꽃나무의 변종으로 꽃이 처음에는 백색이나 점차 붉은색을 띤다.

배식대상지		형태적특성		생태적특성			
단지입구		잎	대생 도란형 세거치	내한성	강	토성	사질양토
주요지점				음양성	중	양분	보통토
주거동 전면		꽃	엽액에 1~2개 달림 병모양	수분	적윤지	토양반응	
주거동 주변	△			공해	강	내조성	중
주차장 주변	○	열매	삭과 선형	맹아력	강	성목 : 2~3m 근계 : 세근 발달 수형 : 원형	
외곽 녹지	○			이식	용이		
가로수		수피	회백색, 얼룩무늬	내염	중		
절개지	○	질감	거칠다	생장	빠름		
색깔	꽃	황록색→적색 5월	열매	적자색 9월	단풍		

꽃댕강나무

과 명 인동과
학 명 *Abelia grandiflora*
영 명 Glossy Abelia

성 상 낙엽활엽관목
적 응 중부 이남
원산지 일본

꽃댕강나무의 꽃

댕강나무

수형

열매

잘 다듬어진 생울타리

배식 참고사항

- 중국산 댕강나무 사이에서 원예종으로 육성된 수종으로 중부 이남의 정원에 많이 심고 있다.
- 반상록성으로 중부 이북에서는 겨울에 피해를 입을 수 있으며 맹아력이 좋고 내음성은 약한 편이다.
- 반상록의 잎은 봄부터 초겨울까지 감상할 수 있고, 연분홍색 꽃이 6월부터 10월까지 계속하여 피어 은은한 향기와 아름다운 꽃의 색감을 오랫 동안 즐길 수 있다.
- 공해에 강하여 도로변이나 진입로의 유도식재로 좋은 소재이다.

비 고

- 댕강나무(*A. mosanensis*) : 석회암 지대의 대표적인 식생으로 내한성이 강하고, 매우 건조한 곳에서도 견디며, 꽃과 수형이 모두 아름답다.

배식대상지		형태적특성		생태적특성			
단지입구		잎	대생 난형 결각·광택	내한성	중	토성	사질양토
주요지점	◎			음양성	중용	양분	보통토
주거동 전면	○	꽃	통꽃	수분	내건	토양반응	
주거동 주변	○			공해	강	내조성	강
주차장 주변	○	열매	네 개의 날개	맹아력	강	성목 : 2m 근계 : 수형 : 원형	
외곽 녹지	○			이식	용이		
가로수		수피		내염	강		
절개지	○	질감	보통	생장	느림		
색깔	꽃	백색·담홍색 6~10월	열매		단풍		

덜꿩나무

과 명 인동과
학 명 *Viburnum erosum*
영 명 Erosum viburnum

성 상 낙엽활엽관목
적 응 중부 이남
원산지 한국 · 일본 · 중국

5-40

덜꿩나무의 수형

꽃

열매

열매달린 수형

배식 참고사항

- 중부 이남의 표고 100~1,600m에서 자란다.
- 5월에 초록색 잎 사이에서 목화송이 처럼 모여 피는 백색 꽃은 소박하다.
- 9월에 붉은 홍색으로 윤이 나는 열매가 송이송이 달려서 가을의 정원을 운치있게 한다.
- 내한성이 강하고 양지와 음지에서 보두 잘 자라며 건조에도 다소 강하다.

비 고

- 개덜꿩나무(var. *vegetum*) : 잎이 원형에 가깝고 갈라지며 전체가 대형이다.
- 가새덜꿩나무(var. *taquetii*) : 잎이 작고 흔히 갈라지며, 꽃이 백색이다.

배식대상지		형태적특성		생태적특성			
단지입구		잎	대생 도란형	내한성	강	토성	사질양토
주요지점	◎			음양성	중용	양분	
주거동 전면	○	꽃	가지 끝에 복산형화서	수 분	적윤지 -내건	토양반응	
주거동 주변	○			공 해	중	내조성	중
주차장 주변	○	열매	난상원형	맹아력		성목 : 2m 근계 : 수형 : 원형	
외곽 녹지	○			이 식			
가 로 수		수피		내 염	중		
절 개 지	○	질감	보통	생 장			
색 깔	꽃	백색 5월	열매	주홍색 9월	단풍	홍색	

가막살나무

과 명 인동과
학 명 *Viburnum dilatatum*
영 명 Linden Viburnum

성 상 낙엽활엽관목
적 응 중부 이남
원산지 한국

낙엽후의 가막살나무 열매

꽃

열매

수형

배식 참고사항

- 우리나라에는 잘 알려져 있지 않지만, 외국에는 널리 알려진 우리나라 특산수종으로 중부 이남의 산야에서 자생한다.
- 5월에 뭉게뭉게 피는 백색꽃이 좋으며, 가을의 열매는 광택이 있어 관상가치가 높다.
- 소나무숲, 참나무숲의 가장자리나 계곡과 산록의 음지에 좋으며 내공해성이 강하여 도시에도 식재가 가능하다.
- 내한성이 강하고 양지와 음지에서 모두 잘 자라며 건조에도 다소 강하다.

비 고

- 잎의 가장자리에 드물게 거치가 있으며 전체에 성모가 있고, 줄기는 회갈색으로 어린 가지는 약간의 각이 있으며 성모로 덮혀 있다.

배식대상지		형태적특성		생태적특성			
단지입구		잎	대생 난상원형	내한성	강	토성	사질양토
주요지점	◎			음양성	중용	양분	보통토
주거동 전면	○	꽃	취산화서 복산형화서	수분	적윤지	토양반응	
주거동 주변	○			공해	중	내조성	
주차장 주변	○	열매	핵과 광란형	맹아력	중	성목 : 3m 근계 : 수형 : 원형	
외곽 녹지	○			이식	보통		
가로수	○	수피	회갈색	내염	강		
절개지	○	질감	거칠다	생장	느림		
색깔	꽃	백색 5월	열매	주홍색 9월	단풍		

분꽃나무

과 명 인동과
학 명 *Viburnum carlesii*
영 명 Fragrant Viburnum

성 상 낙엽활엽관목
적 응 전국
원산지 한국

5-42

분꽃나무의 꽃

분단나무

수형

섬분꽃나무의 열매

단풍

배식 참고사항

- 산기슭 양지에서 자생하지만, 바닷가에서도 잘 자란다.
- 4~5월에 분홍색 또는 백색으로 피는 작은 꽃은 나팔 모양으로 아름다우며 향기가 짙다.
- 열매는 길이가 1cm 정도의 난형이고, 9월경에 분홍색에서 검게 변하며 익는다. 토양에 대한 적응력이 크다.

비 고

- 섬분꽃나무(var. *bitchuense*) : 잎이 약간 좁고 길며, 꽃은 소형으로 바닷가 모래밭에서 자란다.
- 산분꽃나무(*V. burejaeticum*) : 화관이 좁고 길며 열매에 유난히 광채가 많고 깊은 산에서 자란다.
- 분단나무(*V. furcatum*) : 제주도 · 울릉도의 높은 산에 자생하며 높이가 5m에 달한다. 4~5월에 피는 꽃은 백색으로 가장자리에 중성화가 피고 가운데에 작은 꽃들이 뭉쳐 달린다. 가운데 꽃들만 열매를 맺으며 9월에 홍색에서 흑색으로 익는다.

배식대상지		형태적특성		생태적특성			
단지입구		잎	대생 난형 · 광란형	내한성	강	토성	사질양토
주요지점	○			음양성	중용	양분	보통토
주거동 전면	○	꽃	취산화서 나팔모양	수분	적윤지	토양반응	
주거동 주변	○			공해	강	내조성	강
주차장 주변	○	열매	난상원형	맹아력	강	성목 : 2m 근계 : 수형 : 원형	
외곽 녹지				이식	보통		
가로수		수피	회갈색	내염	강		
절개지		질감	거칠음	생장	보통		
색깔	꽃	연분홍색 4~5월	열매	흑색 9월	단풍		

히어리 (송광납판화)

과 명 조록나무과
학 명 *Corylopsis coreana*
영 명 Korean Winter Hazel

성 상 낙엽활엽관목
적 응 중부 · 남부
원산지 한국

히어리의 꽃

열매

단풍

수형

배식 참고사항

- 우리나라 특산수종으로 엽맥이 뚜렷한 심장형의 잎과 이른 봄 이삭같이 늘어지며 피는 노란색 꽃이 온 나무를 덮어 아름답다.
- 꽃은 총상화서로 8~12개의 작은 꽃이 초롱 모양으로 늘어져서 핀다.
- 회갈색 수피에 백색의 피목이 발달하여, 줄기의 흰색 점이 특이한 느낌을 준다.
- 가을의 황금색 단풍이 돋보이고, 잎이 진 후에도 수형이 유지되어 눈이 온 후 눈꽃의 아름다움이 대단하다.
- 공원 또는 단지에 적당하며 특히 도로 주변이나 바위 정원에 식재하면 좋다.
- 유기질이 풍부하고 깊은 토층으로서 수분이 약간 많은 저습지가 좋으나, 내건성이 강하여 건조한 토양에서도 잘 자란다.

배식대상지		형태적특성		생태적특성			
단지입구		잎	호생 난상원형 거치	내한성	강	토성	사질양토
주요지점	○			음양성	양	양분	비옥지
주거동 전면	○	꽃	총상화서 작은 꽃이 초롱모양	수분	적윤지	토양반응	
주거동 주변	○			공해	중	내조성	
주차장 주변	○	열매	삭과 흑색종자	맹아력	중	성목 : 1~3m 근계 : 수형 : 원형	
외곽 녹지	○			이식	용이		
가로수		수피	회갈색, 백색피목	내염	약		
절개지	△	질감	보통	생장	느림		
색깔	꽃	황색 4월	열매	황색 9월	단풍	황색	

풍년화

과 명 조록나무과
학 명 *Hamamelis japonica*
영 명 Japanese Witch Hazel

성 상 낙엽활엽관목
적 응 전국
원산지 일본

서양풍년화의 꽃과 단풍

풍년화의 단풍

풍년화

중국풍년화

열매

배식 참고사항

- 봄에 가장 먼저 피어 봄을 알리는 풍년화는 꽃이 많이 피면 풍년이 든다하여 붙여진 이름이다.
- 약간 일그러진 잎이 특색이며, 이른 봄에 잎보다 먼저 피는 황색의 꽃이 아름답다.
- 꽃잎은 4개로 선형이며, 길이 1.5~2cm이다.
- 내한성이 강하며, 계절감을 강조하기 위한 장소에 식재하면 좋다.
- 수분이 약간 많은 저습지가 적합하다.
- 내음성과 내건성은 약하나 대기오염에 대한 저항성은 강하다.

비 고

- 서양풍년화(*H. virginiana*) : 가을에 단풍과 같이 꽃이 핀다.
- 중국풍년화(*H. chinensis*) : 꽃색이 진하다.
- 모리스풍년화(*H. mollis*) : 풍년화보다 더 크게 자라며, 꽃받침의 바깥쪽이 갈색이다.

<table>
<tr><th colspan="2">배식대상지</th><th colspan="2">형태적특성</th><th colspan="4">생태적특성</th></tr>
<tr><td>단지입구</td><td></td><td rowspan="2">잎</td><td rowspan="2">호생
타원형
윗부분에 거치</td><td>내한성</td><td>강</td><td>토성</td><td>사질양토</td></tr>
<tr><td>주요지점</td><td>○</td><td>음양성</td><td>양</td><td>양분</td><td>비옥지</td></tr>
<tr><td>주거동 전면</td><td>○</td><td rowspan="2">꽃</td><td rowspan="2">일가화
엽액에 한개~
여러개 달림</td><td>수분</td><td>적윤지</td><td>도양반응</td><td></td></tr>
<tr><td>주거동 주변</td><td>○</td><td>공해</td><td>중</td><td>내조성</td><td></td></tr>
<tr><td>주차장 주변</td><td>○</td><td rowspan="2">열매</td><td rowspan="2">삭과
난상구형
광택있는 흑색
종자</td><td>맹아력</td><td>중</td><td colspan="2" rowspan="4">성목 : 3~5m
근계 :
수형 : 원형</td></tr>
<tr><td>외곽 녹지</td><td>○</td><td>이식</td><td>용이</td></tr>
<tr><td>가로수</td><td></td><td>수피</td><td>회백색</td><td>내염</td><td>약</td></tr>
<tr><td>절개지</td><td></td><td>질감</td><td>보통</td><td>생장</td><td>느림</td></tr>
<tr><td>색깔</td><td>꽃</td><td colspan="2">황색 3월 | 열매</td><td colspan="2">황색 9월 | 단풍</td><td colspan="2">적색</td></tr>
</table>

무궁화

과 명 아욱과
학 명 *Hibiscus syriacus*
영 명 Rose of Sharon

성 상 낙엽활엽관목
적 응 전국
원산지 동아시아

무궁화의 분홍색 꽃

수형

흰색 꽃

열매

단풍

배식 참고사항

- 꽃이 무궁하게 피어 무궁화라 하며 원산은 인도지방이지만 우리나라에 토착화된 꽃이다.
- 많은 품종이 육종되어 담홍색・백색・홑꽃・겹꽃 등으로 꽃색과 형태가 매우 다양하며 7월부터 피기 시작하여 10월초까지 피는 꽃이 아름답다.
- 내한성은 다소 강한 편이지만 평남 및 강원도 이남에서 식재가 가능하며 너무 추운 곳에서는 동해를 입는다.
- 기념식재・단식・군식으로 식재하며, 내음성이 있고 강전정에도 잘 견디어 경계식재・생울타리・차폐식재용으로도 쓰인다.
- 내건성이 있지만 적습지에서 개화와 생육이 양호하다.

배식대상지		형태적특성		생태적특성			
단지입구		잎	호생 난형 3개로 갈라짐	내한성	강	토성	사질양토
주요지점	◎			음양성	양	양분	보통토
주거동 전면	○	꽃	단생으로 액생	수분	적윤지 －내건	토양반응	
주거동 주변	○			공해	강	내조성	
주차장 주변	○	열매	삭과 장타원형	맹아력	강	성목 : 2~4m 근계 : 수형 : 부채꼴	
외곽 녹지	○			이식	용이		
가로수		수피	회색	내염	강		
절개지		질감	보통	생장	매우 빠름		
색깔	꽃	백색・보라색 7~9월	열매	9월	단풍	황색	

원예종(진이)

부용

하와이 무궁화

원예종(루시)

비 고

- 흰무궁화(for. *albus*) : 백색으로 개화한다.
- 겹무궁화(for. *plenus*) : 겹꽃이다.
- 부 용(*H. mutabilis*) : 중국원산으로 낙엽활엽관목이며, 제주 서귀포에 자생한다. 높이가 3m 까지 자라며 무궁화보다 대형인 꽃이 온통 나무를 뒤덮는다. 초본생이며 1년생에서도 꽃이 핀다.
- 하와이 무궁화(*H. rosa-sinensis*) : 꽃이 짙은 적색이며 잎은 상록으로 광택이 난다.

6. 만경류 및 기타

으름덩굴

과 명 으름덩굴과
학 명 *Akebia quinata*
영 명 Five Leaf Akebia

성 상 낙엽활엽만경목
적 응 황해도 이남
원산지 한국

으름덩굴의 꽃

생울타리

열매

단풍

배식 참고사항

- 황해도 이남의 산야에 자생하는 덩굴성 식물로 줄기를 비틀어 나무줄기 또는 바위를 감고 올라간다.
- 잎이 장상으로 매우 특이하며 섬세한 질감효과를 준다. 꽃에는 향기가 있고 열매는 먹을 수 있으며 뿌리와 줄기는 약용한다.
- 잎은 새로 나온 가지에서 호생하고 오래된 줄기에서는 장상복엽으로 총생하며 5개의 소엽은 장타원형으로 가장자리가 밋밋하다.
- 울타리 · 아치 · 트렐리스 등에 감아올려 차폐용으로 이용되며 피복용으로도 식재한다.
- 토심이 깊고 부식질이 많은 사질양토를 좋아한다.

비 고

- 여덟잎으름(var. *polyphylla*) : 소엽이 8개 달리는 으름덩굴로 대단히 귀하다.

배식대상지		형태적특성		생태적특성			
단지입구		잎	장상복엽으로 총생 5개의 소엽	내한성	강	토성	사질양토
주요지점				음양성	음	양분	보통토
주거동 전면	○	꽃	일가화 총상화서	수분	적윤지	토양반응	
주거동 주변	○			공해	중	내조성	
주차장 주변	○	열매	장과 장타원형	맹아력	강	성목 : 5m 근계 : 수형 : 만경형	
외곽 녹지				이식	용이		
가로수		수피	갈색	내염	강		
절개지		질감	고움	생장	빠름		
색깔	꽃	자홍색 4~5월	열매	자갈색 10월	단풍		

등나무

과 명	콩과	**성 상**	낙엽만경목
학 명	*Wisteria floribunda*	**적 응**	전국
영 명	Japanese Wisteria	**원산지**	한국 · 일본 · 중국

6-2

등나무의 꽃

수형

열매

단풍

배식 참고사항

- 5월경 잎과 동시에 약 15일간 피는 연한 보라색 꽃은 아름다우며 향기도 좋고, 열매는 꼬투리로 9~10월에 맺힌다.
- 파고라용으로 식재하거나 타물체에 감아올려 차폐용으로 이용하기도 한다.
- 척박한 곳에서도 잘 생육하고 병충해가 별로 없는 것이 특징이며, 바닷가나 공해가 있는 곳에서도 잘 견딘다.
- 도로변 절개지 · 사방지에 심어 토양을 안정시키는데도 적합하다.
- 굵은 뿌리가 길게 뻗고 세근이 많지 않으므로 깊게 캐올려서 뿌리가 마르지 않도록 하여야 한다.
- 수분이 많은 점질양토에서 생육이 빠르고 수명이 길다.

비 고

- 흰등나무('Alba') : 백색꽃이 피는 것을 흰등나무라고 한다.

배식대상지		형태적특성		생태적특성			
단지입구		잎	호생 기수1회우상 복엽	내한성	강	토성	사질양토
주요지점				음양성	양	양분	비옥지
주거동 전면		꽃	총상화서 길이 30~40cm	수분	적윤지	토양반응	
주거동 주변	◎			공해	중	내조성	강
주차장 주변	○	열매	협과 꼬투리	맹아력	강	성목 : 10m 근계 : 직근발단 수형 : 부정형	
외곽 녹지	○			이식	용이		
가로수		수피	회갈색	내염	강		
절개지	○	질감	고움	생장	느림		
색깔	꽃	연자색 5월	열매	9~10월	단풍	황색	

기타

노박덩굴

과 명	노박덩굴과	성 상	낙엽만경목
학 명	*Celastrus orbiculatus*	적 응	전국
영 명	Staff Tree	원산지	한국 · 중국 · 일본

6-3

노박덩굴의 열매

꽃

잎

벽면 부착 상태

배식 참고시항

- 전국 산야에서 자생하는 만경목으로 나무와 바위를 기어오르며, 가을의 황색 열매가 아름답다.
- 조경수로서 이용은 적으나 수목에 올리거나 담장 녹화용 또는 등나무 · 칡과 같이 파고라나 아치 등에 올려 이용하며, 다른 만경류와 혼식하여도 좋다.
- 굵은 뿌리가 길게 뻗고 세근이 많지 않으므로 깊게 캐올려서 뿌리가 마르지 않도록 하여야 한다.
- 생장이 매우 빠르고 맹아력도 강하며, 수분이 다소 있는 땅을 좋아한다.
- 양지 · 음지에서 모두 잘자라며, 내한성 · 내조성 · 내건성이 강하고 대기오염에도 강한 편이다.
- 변종 및 품종이 많이 있다.

배식대상지		형태적특성		생태적특성			
단지입구		잎	호생 타원형 둔거치	내한성	강	토성	사질양토
주요지점				음양성	중용	양분	보통토
주거동 전면		꽃	이가화 취산화서	수분	적윤지	토양반응	
주거동 주변	○			공해	중	내조성	강
주차장 주변	○	열매	삭과 구형	맹아력	중	성목 : 10m 근계 : 수형 : 덩굴성	
외곽 녹지	○			이식	용이		
가로수		수피	회갈색	내염	강		
절개지	○	질감	거칠음	생장	빠름		
색깔	꽃	황록색 5~6월	열매	황색 10월	단풍	황색	

담쟁이덩굴

과 명 포도과
학 명 *Parthenocissus tricuspidata*
영 명 Japanese Creeper

성 상 낙엽만경목
적 응 전국
원산지 한국 · 중국 · 일본

6-4

담쟁이덩굴의 단풍

미국담쟁이

미성숙화

열매

벽면에 부착생장된 상태

배식 참고사항

- 세부분으로 갈라진 광택있는 잎과 붉은색 단풍 · 흑색 열매가 아름답다.
- 줄기에 흡반이 있어 콘크리트 · 벽돌 · 암석 등에 부착 생장하여 벽면 피복효과가 크며, 절개지 및 나지녹화에도 효과가 있다.
- 흑색 열매는 흰가루로 덮혀 있다.
- 토질을 별로 가리지 않으나 천근성이기 때문에 사질양토나 부식질인 적윤지의 토양에서 좋은 생장을 보인다.
- 양지 · 음지에서 다 잘 자라고 공해에도 잘 견디며 맹아력이 강하고 생장이 빠르다.

비 고

- 미국담쟁이덩굴(*P. quinquefolia*) : 잎이 5개의 소엽으로 구성된 장상복엽이다. 기어오르는 힘은 담쟁이덩굴보다 못하다.

배식대상지		형태적특성		생태적특성			
단지입구		잎	호생 장난형 2~3개로 갈라짐	내한성	강	토성	사질양토
주요지점				음양성	음	양분	보통토
주거동 전면		꽃	양성화 취산화서	수분	적윤지	토양반응	
주거동 주변	○			공해	강	내조성	
주차장 주변	○	열매	장과 원형	맹아력	강	성목 : 10m 근계 : 천근성 수형 : 수평형	
외곽녹지	○			이식	용이		
가로수		수피	흑갈색	내염	강		
절개지	◎	질감	고움	생장	빠름		
색깔	꽃	황록색 7월	열매	흑색 10월	단풍	적색	

능소화(금등화)

과 명 능소화과
학 명 *Campsis grandiflora*
영 명 Chinese Trumpet Creeper

성 상 낙엽만경목
적 응 중부 이남
원산지 중국

6-5

능소화의 수형

꽃

부착근의 형태

배식 참고사항

- 줄기에 기근의 일종인 흡판이 있어 벽에 잘 붙으며, 거친 거치가 있는 대생하는 잎이 특이하다.
- 꽃이 귀한 7~8월에 가지 끝에 피는 주황색 꽃은 개화기간이 길고 아름다워 관상가치가 높다.
- 파고라 · 담장이나 죽은 나무에 올려 감상한다.
- 충청도 이남의 사찰에 많이 심어졌다.
- 내한성은 비교적 약한 편이나, 토성에 대한 적응성이 크다.
- 수분이 많고 비옥한 양토에서 잘 자란다. 너무 건조하지 않은 곳에 적합하며, 해안이나 도심에서도 잘 자란다.

비 고

- 꽃가루에는 독이 있어 눈에 들어가면 위험하다.
- *C.* × *tagliabuana* : 능소화와 *C. radicans*(미국원산)사이의 교잡종으로 능소화보다 생육이 왕성하고 내한성이 더 강하다.

배식대상지		형태적특성		생태적특성			
단지입구		잎	대생 기수1회 우상복엽 7~9개의 소엽	내한성	중	토성	사질양토
주요지점				음양성	양	양분	비옥지
주거동 전면	△	꽃	원추화서 5~15개씩 모여핌 정생	수분	적윤지	토양반응	
주거동 주변	○			공해	강	내조성	강
주차장 주변	○	열매	삭과	맹아력	강	성목 : 10m 근계 : 수형 : 부정형	
외곽 녹지	○			이식	용이		
가로수		수피	회백색	내염	강		
절개지	○	질감	고움	생장	느림		
색깔	꽃	주황색 7~8월	열매	갈색 10월	단풍	적색	

인동덩굴

과 명 인동과
학 명 *Lonicera japonica*
영 명 Japanese Honeysuckle
성 상 반상록만경목
적 응 전국
원산지 한국 · 중국 · 일본

6-6

인동덩굴의 꽃

열매

암반에 부착 생장된 수형

노란줄무늬인동

붉은인동

배식 참고사항

- 전국 산야에 자라는 반상록활엽의 만경목으로 내한성이 강하며 생장속도가 매우 빠르고 토양에 대한 적응성이 크며, 맹아력이 특히 강하다. 바닷가에 식재해도 잘 생육한다.
- 오른쪽으로 기어올라 가는 줄기와 향기 있는 백색의 꽃이 아름답다. 꽃이 백색으로 피었다가 황색으로 변한다.
- 건조한 곳에서도 충분한 햇볕만 받으면 무성해지며 아치 등에 감아 올리는 경계용 생울타리로 적당하다.
- 사방용 · 암석정원이나 파고라 · 아치 · 트렐리스 · 고목 등에 올려 감상한다.

비 고

- 잔털인동(for. *chinensis*) : 꽃의 상층부분이 반이상 갈라지며 겉에 홍색이 돈다.
- 노랑줄무늬인동(var. *aureo－reticulata*) : 잎에 노란색의 줄무늬가 있는 원예변종이다.

배식대상지		형태적특성		생태적특성			
단지입구		잎	대생 난상타원형	내한성	강	토성	사질양토 사토
주요지점	○			음양성	중용	양분	척박지
주거동 전면	○	꽃	수상화서	수분	내건	토양반응	
주거동 주변	○			공해	강	내조성	강
주차장 주변	○	열매	장과 구형	맹아력	강	성목 : 5m 근계 : 수형 : 부정형	
외곽 녹지	○			이식	용이		
가로수		수피	적갈색	내염	강		
절개지	◎	질감	거칠다	생장	빠름		
색깔	꽃	백색→황색 6~7월	열매	흑색 9~10월	단풍		

기타

조릿대

과 명 벼과
학 명 *Sasa borealis*
영 명

성 상 상록활엽관목
적 응 전국
원산지 한국 · 일본

6-7

조릿대

제주조릿대

난쟁이 조릿대(사사)

노란줄무늬 사사

흰줄무늬 사사

배식 참고사항

- 남부의 수림하에서 대단위 군락의 아름다운 모습을 볼 수 있다.
- 높이가 1m 내외 밖에 안되는 관목상의 대나무로서 그 관상 가치가 높고, 수림하에서 잘 생육하며 내한성도 강하여 피복용으로 이용할 만하다.
- 생장속도가 빠르고 토양에 대한 적응성이 크나 심층토로서 비옥한 적윤지가 적합하며 너무 건조한 곳은 피하는 것이 좋다.
- 삼림경관조성에 필요하며 단지내 · 공원에도 적당하고 생울타리 · 밀식 · 첨경용으로 사용하면 좋다.

비 고

- 제주조릿대(*S. quelpaertensis*) : 원산이 한라산이고, 내한성이 약하다.
- 유사종으로 난쟁이사사(*Pleioblastus pygmaed*) · 흰줄무늬사사(*P. variegatus*) · 노랑줄무늬사사(*S. glabra* for. *albostriata*) 등이 있다.

배식대상지		형태적특성		생태적특성			
단지입구		잎	타원상 피침형 잔 거치 길이 10~30cm	내한성	강	토성	사질양토
주요지점	○			음양성	음	양분	비옥지
주거동 전면	○	꽃	복총상화서	수분	적윤지	토양반응	
주거동 주변	○			공해	중	내조성	
주차장 주변	○	열매		맹아력	강	성목 : 1~2m 근계 : 수형 : 피복형	
외곽 녹지	○			이식	보통		
가로수		수피	황갈색	내염	중		
절개지	○	질감	보통	생장	매우 빠름		
색깔	꽃	4월	열매	5~6월	잎	녹색	

기타

실 란(실유카)

과 명 용설란과
학 명 *Yucca filamentosa*
영 명 Silk Grass

성 상 상록다년초
적 응 전국
원산지 미국

6-8

흰줄무늬 실란

실란의 꽃

열식된 실란

유카

흰줄무늬 용설란

배식 참고사항

- 줄기가 거의 없고 잎은 30~50매가 총생하며, 상반부가 밑으로 처지고, 실과 같은 것이 달려 있어 실란이라 한다.
- 6월에 백색 꽃이 마치 목련과 같이 피는데, 대단히 아름다워 그 관상가치가 크다.
- 꽃대의 높이가 90cm 정도로서 상부에 긴 원추화서를 이루며, 약 200송이에 달하는 종모양의 백색 꽃이 6~7월에 핀다.
- 열대성 초본으로 모래땅을 좋아하며 내한성이 있는 편이므로 중부지방에서 무난히 월동한다.
- 잔디밭 주변이나 넓은 공간에 열식 · 군식하면 좋다.

비 고

- 유카(*Y. gloriosa*) : 남부 이남에서 생육이 가능하며, 잎은 실유카보다 넓으며 끝에는 가시와 같은 예리한 것이 달린다.
- 용설란(*Agave americana*) : 멕시코산으로 제주도에서 옥외 식재가 가능하다.

배식대상지		형태적특성		생태적특성			
단지입구		잎	검형 30~50개 총생 섬유질이 있다.	내한성	강	토성	사질양토 사토
주요지점	○			음양성	양	양분	척박지
주거동 전면	○	꽃	원추화서 종상	수분	내건	토양반응	
주거동 주변	○			공해	강	내조성	
주차장 주변	○	열매		맹아력	강	성목 : 1m 근계 : 수형 : 피복형	
외곽 녹지	○			이식	용이		
가로수		수피		내염	강		
절개지		질감	고움	생장	매우 빠름		
색깔	꽃	백색 6~7월	열매		잎		

부록

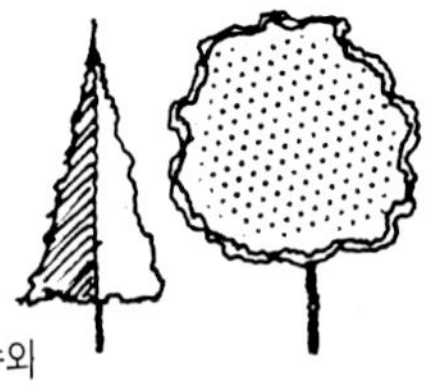

수직성 강한 상록수와 낙엽수 부조화

상록수와 낙엽수는 이격해서 식재

■ **상록수의 요점식재**

- 수직성이 강한 원추형·원주형의 상록수는 낙엽수와 부조화되므로 인접하여 식재하지 않는다.
- 상록수는 단지의 입구, 주거동의 입구, 보행로 및 공원의 입구, 녹지의 가각부, 도로 또는 보행로의 굴곡부, 보행로의 교차점 등 시각적 중요지점에 식재한다.
- 경관적 가치가 있는 상록수는 일정지역에 편중되지 않도록 적절하게 분배하여 식재한다.

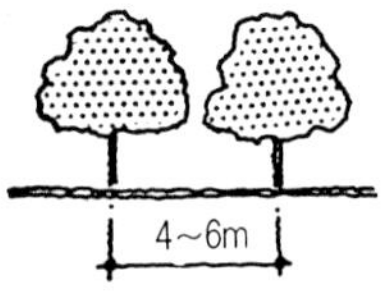

속성수나 원개형 수목

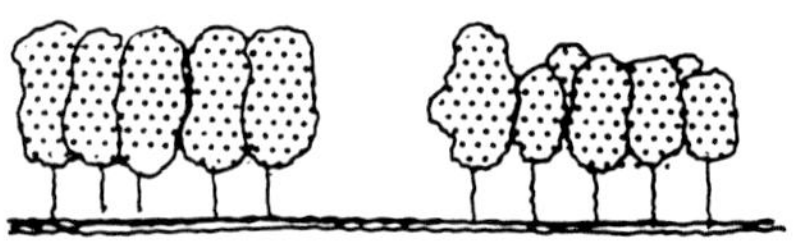

서로 다른 수림의 이격 군식

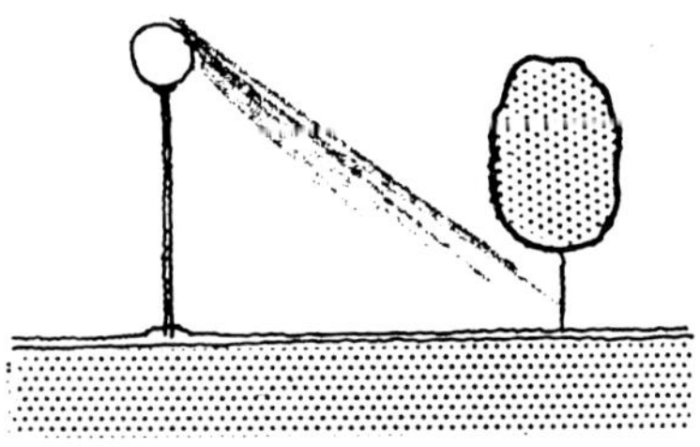

가로등 주변 식재 지양

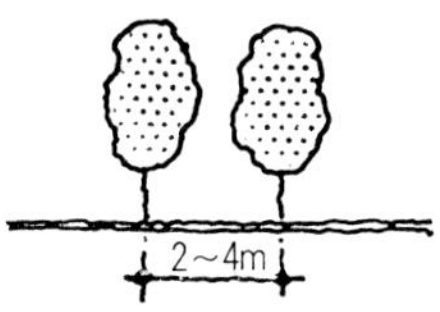

일반낙엽교목

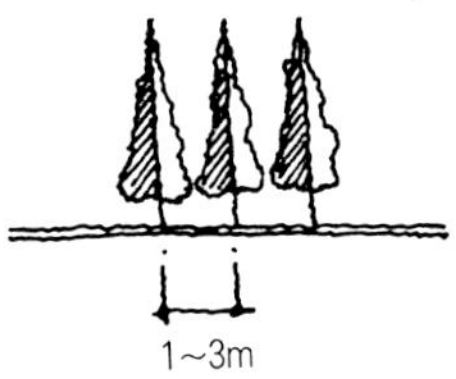

원추형 상록수

■ **식재 간격의 조정**

- 서로 다른 수종을 인접 식재할 때에는 성목시의 예상 수고와 수관폭 및 생장속도를 감안하여 적정거리를 이격하여 식재함으로써 열세수목이 피압되거나 혼잡한 경관이 발생되지 않도록 한다.
- 생장이 빠른 속성수나 측방생장이 큰 원개형의 수목은 일반교목보다 넓은 간격으로 식재한다. 그 간격은 수종·규격에 따라 다를 수 있지만 4~6m가 적당하다.
- 특히 생장이 빠른 속성수는 생장이 느린 상록수와 충분히 간격을 두어 식재한다.
- 군식할 경우는 수림과 수림의 식재 간격을 넓게 하여 군식된 수림이 명료하게 드러나도록 한다.
- 가로수는 8m 간격을 기준으로 식재하되 가각부에는 식재를 지양하여 차량의 시계를 가리지 않도록 한다.
- 가로등 및 신호등 주변의 약 4m 이내에는 교목을 식재하지 않는 것이 바람직하다.
- 청단풍, 살구나무, 대추나무 등의 낙엽교목은 2~4m 간격으로 식재하는 것이 적당하다.
- 수폭이 좁은 원통형·원추형의 상록수는 일반수목보다 좁은 1~2m 간격으로 식재하는 것이 좋다.
- 독립수로 사용하는 관목은 수관폭의 2배 정도 이격하여 식재하고, 군식하는 관목은 가지가 맞닿을 정도의 간격으로 식재하는 것이 좋다.

■ 관찰방향 및 생장속도 고려

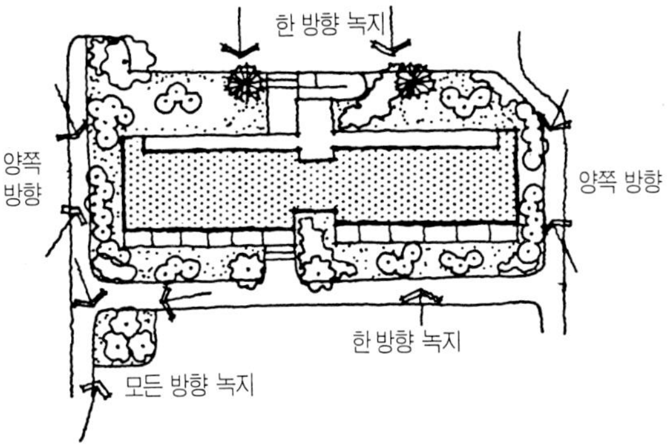

녹지의 관찰 방향

• 관찰방향

녹지의 위치와 형태, 주변의 보행동선에 따른 관찰방향을 파악하고, 앞쪽의 수목이 뒤쪽의 수목을 가리지 않도록 크기와 생장속도를 고려하여 식재한다.

– 한쪽 방향에서 보이는 녹지 : 보행로 주변의 선형녹지, 단지외곽 녹지, 주거동 전·후면 녹지
– 양쪽 방향에서 보이는 녹지 : 단지 입구, 주거동진입 가각녹지, 보행로가 개설된 주거동 측면 녹지
– 세 방향, 모든 방향에서 보이는 녹지 : 주거동의 측면 녹지나 보행로의 교차점 녹지

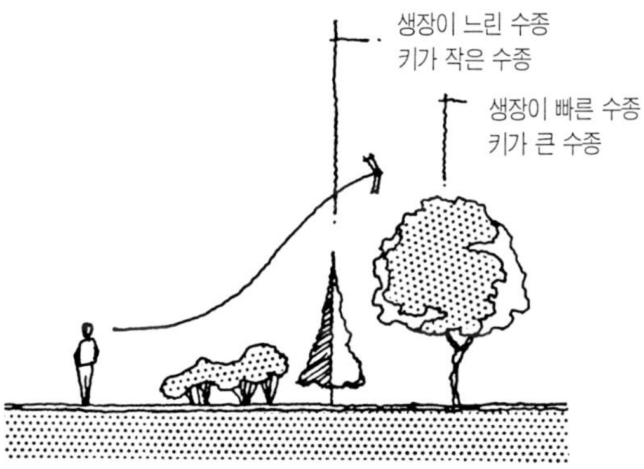

생장속도를 고려한 식재

• 생장속도

서로 다른 수종을 인접하여 식재할 때는 성목시의 크기를 고려해야 한다.

– 가까운 곳 : 수고가 낮은 수목, 생장이 느린 수목, 질감이 고운(fine texture) 수목, 화목, 유실수 등의 관상효과가 큰 수목
– 보이는 방향에서 먼 곳 : 키가 큰 수목, 생장이 빠른 수목, 거친 질감의 수목, 배경수목
– 모든 방향에서 보이는 녹지 : 키가 크고 생장이 빠른 수목은 중앙에 식재하고, 키가 작은 나무와 생장이 느린 나무는 가장자리에 식재하거나 한쪽 방향을 배경으로 처리하여 어느 방향에서는 안정감 있는 식재형태가 되도록 한다.

모아심기

■ 모아심기

• 동일 수종을 3~5주씩 소량으로 분산·반복 식재하면 혼잡한 경관이 될 수 있으므로 모아심기하여 이미지를 높인다.
• 동일 수종을 한 곳에 모아 심되, 수목이 식재된 공간과 식재되지 않은 공간, 배경이 되는 공간이 조화를 이루도록 한다.

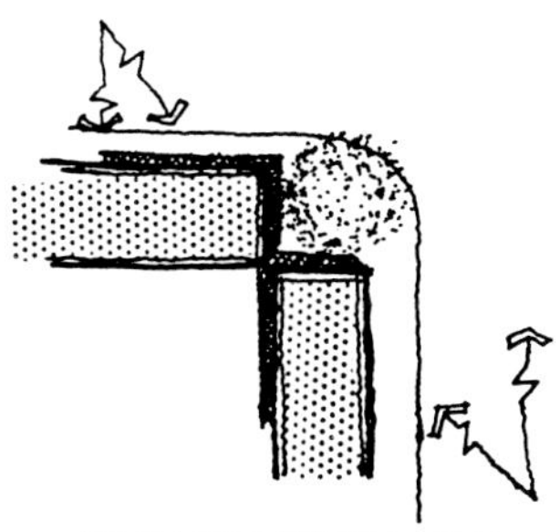
모호한 공간이 발생하지 않도록

■ 모호한 공간의 처리

주거동 측면 사이에 있는 녹지는 보이지 않고, 접근할 수 없는 모호한 사장공간이 발생하지 않도록 한다.

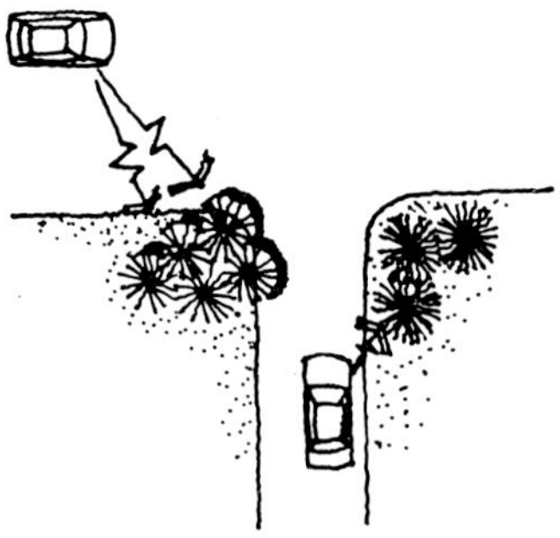

도로변 가각부 식재제한

시설물의 차폐

공간의 영역적 분리

위요공간

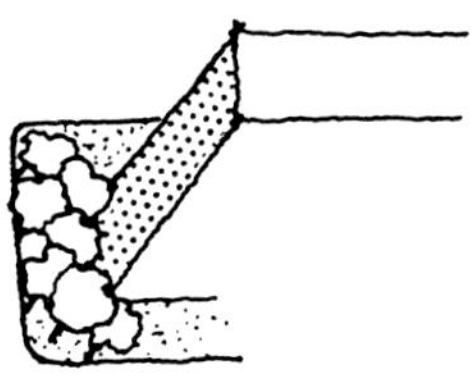

건축물 모서리의 완화

■ 도로변 가각부 식재제한

도로변의 가각부에는 운전자의 시야를 가리지 않도록 한다. 승용차 운전석의 눈높이는 110cm 내외이며, 트럭·버스 등 상용차는 약 210cm이다.

■ 시설물의 차폐

- 오수정화조 등의 혐오시설이나 지하주차장 진입램프 옹벽, 공동구 및 도시가스의 돌출맨홀, 건물의 환기창 등 경관상 불량한 구조물은 차폐하도록 한다.
- 전정에 강하고 지엽이 밀생하며 지하고가 낮아 시선의 차폐가 용이한 쥐똥나무·광나무·무궁화·조릿대·피라칸사스·명자나무·개나리 등의 관목과 담쟁이덩굴·칡 등의 덩굴식물, 측백나무·잣나무 등의 상록교목이 적당하다.
- 단지내 주 진입도로변 등의 주요지점에 노출된 옹벽이나 암벽면, 또 낙석 방지망 등은 담쟁이덩굴, 인동덩굴, 아이비, 줄사철, 덩굴장미 등의 덩굴성 식물을 식재하여 벽면을 녹화하도록 하고, 풍화암 사면의 소단에는 생장이 좋은 개나리와 싸리나무 등을 식재하면 효과가 크다.

■ 장소성의 강화

- 휴게소 및 원두막 주위, 산책로변의 의자 주위 또는 보행로의 입구, 교차점 및 계단 주위를 위요식재하여 프라이버시를 확보하거나 입구감 및 시각적 인지효과를 높여 장소성을 강화한다.
- 식재수종은 지엽이 밀생한 측백나무, 서양측백, 쥐똥나무, 사철나무나 무궁화, 병꽃나무, 박태기나무, 꽃사과 등의 화목성 관목 또는 지하고가 낮은 화목 등이 적당하다.

■ 건축물 등의 모서리 완화

- 주거동, 관리소, 노인정 및 보일러의 굴뚝 등 건축물의 날카로운 모서리는 교목을 식재하여 시각적으로 완화시켜 준다.
- 식재수목은 건축물 측면의 녹지폭에 따라
  - 1~2m : 낙상홍, 명자나무, 조팝나무, 개나리, 개쉬땅나무, 수수꽃다리, 박태기, 불두화, 흰말채나무, 병꽃나무 등의 관목류 군식
  - 2m 이상 : 삼각단풍, 청단풍, 꽃사과, 목련 등의 교목식재

상록수의 요점식재

소나무, 잣나무, 젓나무, 향나무 등 수형이 다른 여러 수종이 섞여 있어 혼잡하게 보인다.

잣나무 열식과 철쭉 하부식재로 수종을 단순화하여 경관의 명료성과 인지도를 높여준다.

측백나무 열식으로 주거동의 프라이버시를 확보하면서 곡선도로의 선형을 강조하였다.

단지내 주 도로변 시각적 결절점에 대형목 식재로 시각적 초점이 되고, 길 찾기에 도움을 준다.

회양목 군식으로 보행교차점을 강조한다.

관찰방향

관찰방향의 전면에 큰 나무를 식재하고 후면으로 생장이 느린 상록수를 식재하여 상록수가 잘 보이지 않는다.

향나무 군식이 앞의 수목을 가려 통행이 많은 보행로에서는 잘 보이지 않는다.

보행로 안쪽의 녹지에는 향나무 군식이 돋보인다.

정상부에 지하고가 높은 수목을 식재하여 구릉의 부드러운 선과 수간의 조화를 이루고, 구릉 주변에 관목을 군식하여 구릉의 형태를 강조하였다.

지하고가 높은 교목을 하부식재 없이 식재하여 지형의 선을 살리고, 단순하고 깨끗한 경관을 조성하였다.

생장속도

여러 수종을 빈틈없이 산재식재하여 혼잡하게 보이고, 종 간의 경쟁으로 열세수종은 피압되어 고사된다.

군식한 조릿대가 생장이 매우 느린 소나무와 뒤섞이게 된다.

하부식재가 없는 정돈된 소나무 군식

생장이 빠른 명자나무가 둥근향나무를 덮는다.

생장이 빠른 명자나무가 독일가문비를 가린다.

모아심기

단풍나무를 모아심기하고 하부의 지피식재로 변화를 주어 간결하고 정돈되어 보인다.

수종을 단순화하고 모아심기하여 경관의 명료성을 높인다.

수종을 단순화하고 반복 식재함으로써 질서와 통일성을 강조한다.

주차장분리대에 소나무를 열식하여 소나무의 군집미를 강조하였다.

외곽 도로변의 경계식재는 공간을 한정하고 위요감을 제공한다.

공원의 외곽 녹지에 다양한 수종을 식재하여 혼잡하게 보인다.

시각적으로 비교적 중요하지 않은 공간은 군식하여 간결한 공간을 조성한다.

단풍나무로 수종을 단순화하고 모아심기하여 식재된 공간과 빈 공간이 적절한 비례로 조화된다.

향나무와 은행나무가 주변 수목과 조화되지 않는다.

도로변 가각부 식재

주차장의 가각부에 관목을 군식하여 운전자의 시계를 확보하였다.

시설물의 차폐

지하주차장 입구의 벽면을 관목류로 차폐식재하였다.

주거동 출입구의 램프 측벽을 라일락으로 차폐식재하여 입구를 강조하였다.

미관이 불량한 주거동 출입경사로 날개벽 하단부를 관목으로 가려주어 보기에 좋다.

안내판의 양옆에 비대칭적인 형태의 수목이 식재되어 시각적인 균형감을 잃고 있고 안내판의 인지도도 떨어진다.

안내판 뒷부분의 군식이 배경식재가 되어 안내판의 인지도를 높여준다.

교목과 쥐똥나무를 열식하여 사생활 보호와 영역성을 확보하였다.

자전거보관대를 생울타리로 차폐하였다.

장소성의 강화

계단 입구를 쥐똥나무로 병렬식재하여 계단의 인지도를 높이고 선형을 강조한다.

등나무와 생울타리 식재가 휴게공간으로서의 장소성을 강화한다.

휴게공간 주변은 녹음식재와 위요식재가 필요하다.

건축물 등의 모서리 완화

메타세콰이어는 생장이 빠르므로 짧은 시간내에 주거동의 측벽을 가려준다.

주거동의 날카로운 모서리 선이 그대로 노출된다.

주거동 측벽 모서리에 식재하여 인공구조물의 위화감을 완화하였다.

주거동의 측벽에 생장이 느리고 지엽이 밀생하지 않은 잣나무를 식재하여 황량함을 노출하고 있다.

건물 외곽선 전면부의 교목군식은 건물 모서리의 딱딱함을 완화시키고 건축물의 시각적 틀이 되기도 한다.

노폭이 넓은 경우

- 파고라는 등나무 등의 덩굴식물로 그늘을 조성한다.
- 의자만 설치된 경우에는 의자에서 1~2m 이격하여 3~5주 식재한다.
- 은행나무는 수형이 곧고 수직성이 강하여 단지내의 다른 수목들과 조화되기 어려우므로, 가능한 한 단지내 사용을 지양하고 외곽 간선도로에 사용한다.

외곽경계녹지

외곽 녹지의 구릉 조성과 2중수림대 조성

■ **외곽 녹지**

- 접근 및 유지관리가 어렵고 시각적으로 중요치 않으며, 외부와의 분리가 요구되는 단지의 경계는 군식수림을 조성하여 녹지로서의 풍부함과 차폐, 방음 등의 효과를 얻을 수 있도록 한다.
- 넓은 외곽 녹지는 구릉을 조성하고, 군락으로 식재하여 자연숲의 분위기를 조성한다.
- 간선도로변에 인접하여 소음이 심하게 발생되는 곳은 상록수와 낙엽수의 2중 수림대를 조성하여 방음효과를 높인다.

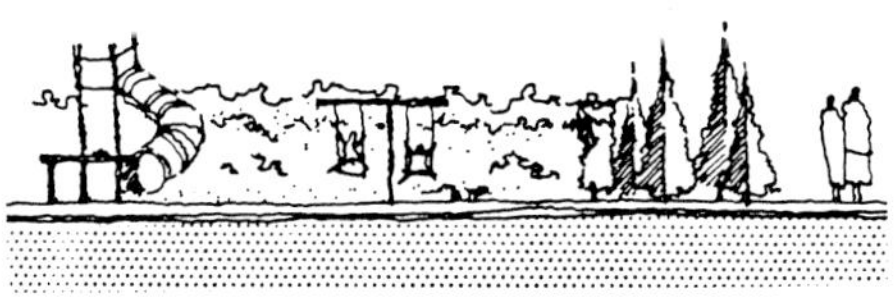

운동·유희공간

■ **운동, 유희공간**

- 놀이터, 배구장, 농구장, 롤러 스케이트장, 씨름장 등 동적 활동이 많은 놀이·운동공간은 방풍, 녹음, 위요 등의 기능식재에 중점을 둔다.
- 놀이터는 측백나무, 광나무 등의 지엽이 밀생한 상록수로 차폐식재하되, 주변의 보행로를 고려하여 통로를 개설한다.
- 운동장 주변은 채광을 고려하여 낙엽교목 위주로 식재하고, 인접 녹지에 관목류 식재를 가급적 피하며, 특히 농구대 주변은 식재를 지양한다.

소광장 주변 식재

■ **광장, 집회공간**

- 소광장, 상가 등의 주변에는 통행량이 많으므로 통행에 지장을 주고 훼손되기 쉬운 소규모의 녹지조성을 지양하고 포장 위주의 공간을 조성하고 녹음식재가 되도록 한다.
- 포장면내에 불가피하게 녹지를 설치할 때는 통행로를 가로막지 않는 위치에 설치하고 넘어다니기 어려울 정도로 폭을 넓게 하며, 필요시 디딤돌 놓기 등으로 보행로를 설치한다.

• 통행을 막는 녹지 설치가 불가피한 경우에는 수목보호대, 플랜터 등의 구조물을 설치하고 경관식재한다.

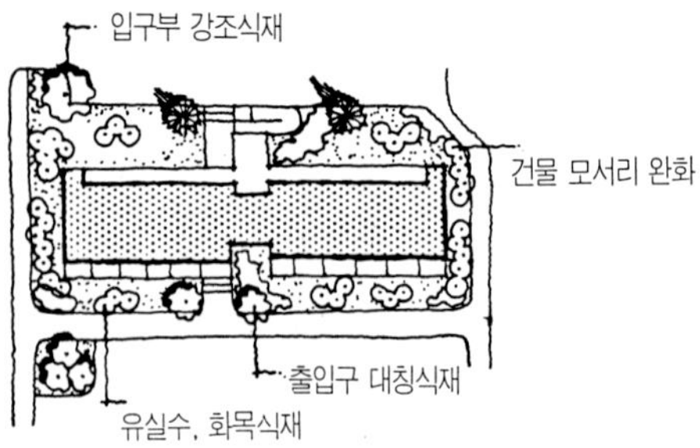

■ **주거동 전면 녹지**

• 주거동의 전면 및 후면 녹지는 출입구 인접세대 및 측벽에 가까운 세대의 프라이버시 확보를 고려하면서 관상식재에 중점을 둔다.
• 주민이 친근감을 느낄 수 있는 꽃나무, 유실수, 화관목 등의 관상수와 방향목, 초화류를 심어 정원 같은 분위기로 조성한다.
• 주거동 출입구는 좌·우가 균형감을 갖도록 조성하고, 녹지의 가각은 관목으로 군식하여 녹지의 훼손을 방지하고 시선을 끌 수 있도록 한다.
• 속성수 식재는 지양하고 낙엽수와 상록수를 적절하게 모아심기 하되 일조가 양호한 남측 녹지에는 화목류 위주로 식재하고, 하부에는 초화류와 화관목을 함께 식재해 계절감을 느낄 수 있도록 한다.
• 주거동 출입구 경사로 주위에는 수수꽃다리, 꽃사과, 청단풍 등의 대관목 또는 중교목을 식재하여 입구감을 느낄 수 있도록 한다.

주거동 사이 및 측면

■ **주거동 사이 및 측면**

• 주거동 사이에는 내음성이 있는 경관수 위주로 소량 식재한다.
• 주거동 측벽은 건물의 딱딱함을 완화할 수 있도록 식재하되 녹지 폭을 감안하여 수종과 규격을 정한다.
• 주거동 측벽 사이의 보행로에는 시각적 균형감을 갖도록 양측에 동일 수종을 식재한다.

■ **입 구**

• 단지 입구, 주거동 출입구, 보도 및 공원의 출입구 등은 시각적 인지도가 높은 공간으로 대형목, 유실수, 화목 등의 식재를 통해 인지도를 높이고 입구감이 강조되도록 한다.
• 주변 식재와 구별되도록 장미아치, 화단, 관목 군식, 화목 또는 유실수식재, 돌틈식재, 생울타리 조성 및 정자목 등으로 입구를 강조 식재한다.
• 특히 낙엽수와 상록수의 비대칭식재를 피하고, 동일 수종으로 대칭식재하여 균형감과 안정감을 갖도록 한다.

입구의 상록수 대칭식재

■ 공 원

- 도로 인접구역은 소음차단, 방풍, 방진의 역할을 할 수 있도록 최소 3~4m 폭을 확보하여 식재한다.
- 광장, 휴게공간, 정적놀이공간, 산책로변에는 녹음수와 경관수를 식재한다.
- 동적공간과 정적공간은 수림대로 분리한다.
- 공원 외곽은 군락식재하고, 내부공간에는 계절감을 느낄 수 있도록 식재한다.
- 공원내 어린이놀이터는 어린이들의 안전을 위해 관찰이 가능하도록 완전 차폐되지 않도록 한다.

■ 완충·경관 녹지

- 도로를 따라 길고 평탄하게 조성되어 있는 녹지는 마운딩처리로 지형에 기복을 주고 20~30m단위로 군식하여 기능적 역할 및 푸르름의 조성에 중점을 둔다.
- 도로변의 모서리 부위는 차량이 회전할 때 충분히 시야가 확보되도록 소관목이나 지피류를 식재한다.

기능식재

단일 수종의 군식에 의한 외곽부의 경계식재

관상식재

공원의 보행 결절점에 조성된 경관식재

건물 모서리에 조성된 관상식재

입구 가각녹지에 영산홍을 군식하여 시각적 초점이 되게 하였다.

보행공간

산책로에 식재된 은행나무는 잔가지가 적어 녹음이 부족하고, 주변의 수목과도 조화가 어렵다.

중국단풍나무로 열식하여 산책로의 녹음을 제공하고 있다.

보행로에 은행나무와 삼각단풍의 대칭식재는 균형감을 얻기 어려워 시각적으로 불안정하다.

은행나무는 수직성·정형성이 강하므로 간선도로변 가로수에 적합하다.

그늘이 없는 휴게공간은 여름에 이용되지 않는다.

그늘이 풍부한 동 주변의 간이 휴게공간

휴게소의 파고라에 그늘이 없어 이용이 적다.

단지내 주 도로변의 보행로에 녹음수가 없어 쾌적한 보행로가 되지 못하고, 공간적 질서를 주지 못하고 있다.

녹음수가 있는 단지내 주 보행로는 그늘이 있어 쾌적한 보행과 축을 강조하여 공간적 질서감을 주고 있다.

보행로에 수목이 부족하여 쾌적한 보행공간이 되고 있지 못하다.

벚나무 열식으로 vista와 캐노피를 형성하여 인상적인 보행로로 장소성을 갖고 있다.

보행로에 일정 간격으로 설치된 인조목 의자. 그늘이 없어 이용이 적다.

녹음이 풍부한 버즘나무 아래에 의자를 놓는 것만으로도 휴게공간으로서의 장소성을 가지게 된다.

주차장의 느티나무 식재는 그늘을 제공하여 여름철 그늘주차에 좋나. 훼손방지를 위해서는 통행로를 충분히 개설해야 한다.

보행자들의 횡단에 의한 분리대 녹지의 훼손을 방지하기 위하여 포장공간으로 처리하였다.

보행로 양옆에 측백나무와 중국단풍을 열식하여 대비를 통한 조화를 얻고 있다.

보도에 교목을 병목으로 식재하고 쥐똥나무를 열식하여 방향성 있는 쾌적한 보행로를 조성하였다.

외곽 녹지

외곽 녹지수림대는 건축물과 어울려 일체화된 경관으로 인식되기도 한다.

쥐똥나무, 잣나무 열식에 의한 단지 외곽의 간결한 배식

개나리, 버즘나무, 잣나무 열식에 의한 외곽 녹지처리. 버즘나무에 의한 잣나무의 피압이 예상된다.

단조롭기 쉬운 가로수 열식 구간에 향나무를 3주씩 반복 식재하여 리듬감을 주고 있다.

단지의 외곽 녹지에 수목을 군식하여 녹지로서의 풍부함을 제공하고 있다.

운동, 유희공간

놀이터 주변을 차폐식재하여 기능적으로 공간을 분리하고 있다.

야외무대와 소운동장 사이를 가로막는 수벽이 통행으로 훼손된다.

놀이터는 충분한 넓이의 출입통로를 확보해주어야 주변의 녹지가 훼손되지 않는다.

통행이 많은 곳의 폭이 좁은 띠녹지는 훼손되기 쉽다.

통행이 많은 곳의 작은 녹지는 수목을 밀식해야 훼손이 적다.

주거동 주변녹지

현관 출입구의 아치와 덩굴장미 식재로 입구의 영역성을 높임.

정원 개념으로 다양하게 식재된 주거동 전면 녹지

자연석, 상록수와 관목으로 주거동 전면 녹지를 간결하게 처리하였다.

발코니 전면을 피하여 주거동 세대 사이의 간벽 전면에 식재된 수목

개방감 있게 처리된 주거동 사이의 녹지

단조로운 주거동 전면의 긴 녹지를 수종을 단순화하여 반복식재함으로써 리듬감을 주었다.

주거동 전면을 한 수종으로 통일성 있게 식재하였다.

섬잣나무 아래에 영산홍을 식재하여 간결하면서도 색채의 대비효과가 크다.

주거동 전면 발코니 앞에 아왜나무와 둥근향나무로 반복식재하여 리듬감을 주었다.

출입구 양쪽에 향나무를 대칭식재하여 시각적 균형감이 있으며 입구가 명료해졌다.

향나무와 주목으로 입구를 강조하였다.

입 구

자연석 놓기와 관목식재로 공원 보행로의 입구를 강조한다.

동일 수종을 사용하였으나 시각적인 균형감이 없어 불안정하다.

동일 수종을 사용하지 않았으나 시각적 균형감 있게 식재된 주거동 입구

공원 입구로서의 식별성이 약하다.

공원 입구의 아치와 덩굴장미는 공원으로의 입구감을 높여주고 식별성도 높다.

주차장 출입구 양옆에 명자나무 군식으로 입구를 강조하였다.

단풍나무숲 터널을 만들어 입구를 강조하고, 보행자를 흡입하고 있다.

입구로서의 식별성과 영역성이 결여된 식재

보행로 입구에 느티나무를 열식하여 입구감과 영역성을 확보하고 있다.

기존수목을 이용하여 입구를 강조하고 자연석 쌓기와 관목을 심어 휴게공간으로 사용하고 있다.

경사지의 입구에 돌쌓기와 소나무를 군식하여 입구감을 강조하였다.

꽃과 열매

꽃

3월

- 30 동백나무(적색)
- 167 풍년화(황색)
- 126 생강나무(황색) ○
- 93 산수유(황색)
- 62 매실나무(담홍색) 〰
- 154 개나리(황색) ○

4월

- 60 살구나무(담홍색)
- 154 만리화(황색)
- 58 왕벚나무(담홍색)
- 59 벚나무(담홍색)
- 162 댕강나무(백색)
- 130 명자나무(담홍색)
- 153 미선나무(황색) 〰
- 140 박태기나무(자홍색) ○
- 64 배나무(백색)
- 48 백목련(백색) 〰
- 46 목련(백색) 〰
- 49 자주목련(자주색)
- 62 복사나무(담홍색)
- 149 진달래(담홍색)
- 156 수수꽃다리(담자색) 〰
- 133 앵두나무(연분홍색) 〰
- 132 옥매(백색)
- 61 자두나무(백색)
- 49 자목련(자주색)
- 151 산철쭉(홍자색)
- 136 조팝나무(백색)
- 131 죽단화(황색) ○
- 55 귀룽나무(백색)
- 59 겹벚나무(담홍색)
- 131 황매화(황색) ○
- 125 매발톱나무(담황색)
- 166 히어리(황색)
- 63 복숭아나무(담홍색)
- 56 꽃사과(담홍색)
- 165 분꽃나무(연분홍색)

5월

- 68 꽃아까시나무(담홍색)
- 159 괴불나무(백→황색) ♥
- 162 댕강나무(백색)
- 95 때죽나무(백색)
- 96 쪽동백나무(백색)
- 163 덜꿩나무(백색)
- 104 돈나무(백→황색) ♥ 〰
- 173 등나무(연자색) 〰
- 129 꽃말발도리(백색)
- 124 매자나무(황색)
- 53 모과나무(담홍색)
- 123 모란(홍자색)
- 160 백당나무(백색)
- 51 튤립나무(녹황색)
- 161 병꽃나무(황록→적색)
- 161 붉은병꽃나무(담홍색)
- 91 말채나무(백색)
- 92 산딸나무(백색)
- 54 산사나무(백색) ♥
- 90 층층나무(백색) ♥
- 155 쥐똥나무(백색) ♥ 〰
- 68 아까시나무(백색) 〰
- 57 아그배나무(연분홍)
- 65 팥배나무(백색) ○ ♥
- 66 마가목(백색)
- 87 석류(주홍색)
- 100 이팝나무(백색) 〰
- 50 일본목련(황백색) 〰
- 150 철쭉(분홍)
- 82 칠엽수(홍백색) ♥
- 27 태산목(백색) 〰
- 47 함박꽃나무(백색) ○ 〰
- 152 노린재나무(황백색) 〰
- 142 탱자(백색)
- 145 보리수나무(백색) ♥
- 164 가막살나무(백색)
- 115 영산홍(담홍자색)

6월

- 177 인동덩굴(백→황색) 〰
- 138 개쉬땅나무(백색) ●♥
- 97 꽃개오동나무(황백색) ♥
- 143 낙상홍(담홍색)
- 135 해당화(자홍색) 〰
- 85 노각나무(백색)
- 83 염주나무(황백색)
- 83 피나무(담황색) ♥ 〰
- 127 수국(벽색)
- 127 산수국(벽색) ○
- 106 피라칸사(백색)
- 98 모감주나무(황색)
- 119 치자나무(백색) 〰
- 179 실유카(백색)
- 137 꼬리조팝나무(담홍색) ○
- 116 광나무(백색) ♥ 〰
- 162 꽃댕강나무(백·담홍색)

7~8월

- 67 자귀나무(담홍색)
- 83 구주피나무(황색)
- 128 나무수국(백·담자색)
- 118 협죽도(도홍색)
- 160 불두화(백색)
- 70 쉬나무(백색) ♥
- 168 무궁화(백·담자색) ●
- 69 회화나무(황색)
- 88 배롱나무(홍색) ●
- 176 능소화(주황색) ●
- 158 누리장나무(백·담홍색)

9~10월

- 117 은목서(담황색) 〰
- 117 금목서(등황색) 〰
- 141 싸리나무(자색) ●♥

10~12월

- 109 호랑가시나무(백색) 〰
- 113 팔손이(백색)

열매

5월

113 팥손이(흑색)
28 후박나무(흑자색) ○

6월

133 앵두나무(적색) ≥

7월

55 귀룽나무(흑색) ◐
60 살구나무(황적색) ≥
61 자두나무(자색) ≥
62 매실나무(황 · 녹색) ≥

8월

135 해당화 ○≥
28 후박나무(흑자색)
64 배나무(황색) ≥
63 복숭아나무(황록색) ≥
175 담쟁이덩굴
122 무화과 ○≥

9월

12 주목(적색) ⊵
29 먼나무(적색) ●⊵
29 감탕나무(흑자색) ●
30 동백나무(흑자색)
31 아왜나무(흑자색) ○
36 호두나무(담자갈색) ≥
39 밤나무(다갈색) ≥
54 산사나무(홍색) ≥
82 칠엽수(갈색) ≥
83 피나무(적색)
87 석류(홍황색) ≥
90 층층나무(홍→흑색)
91 말채나무(흑색)
92 산딸나무(적색) ≥
95 때죽나무(갈색)
99 대추나무(적갈색) ≥
100 이팝나무(벽흑색) ◐
104 돈나무(적색) ●
119 치자나무(황홍색) ○
124 매자나무(적색) ◐
125 당매자나무(적색) ◐⊵
126 생강나무(흑색) ◐
130 명자나무(황색) ◐∽
142 탱자나무(황색) ○≥
144 화살나무(적색) ◐
146 오갈피나무(흑색) ○⊵
152 노린재나무(벽색)
153 미선나무
159 괴불나무(적색) ◐⊵
160 백당나무(적색) ◐
163 덜꿩나무(주홍색)
164 가막살나무(주홍색)
173 등나무
177 인동덩굴(흑색)
109 호랑가시나무(적색) ●

10월

106 피라칸사(적·등황색) ●⊵
53 모과나무(황색) ≥∽
65 팥배나무(황적색) ⊵
13 잣나무 ≥
34 은행나무(황색) ≥
40 상수리나무 ≥
44 팽나무(적황색) ⊵
46 목련(적색)
47 함박꽃나무(적색)
50 일본목련(홍자색)
56 꽃사과(황색) ⊵
57 아그배나무(적색) ⊵
57 야광나무(황 · 홍색) ⊵
57 서부해당화(홍색) ⊵
64 콩배(녹갈→흑색) ◐≥
64 산돌배(다갈색) ≥
66 마가목(적색) ◐⊵
69 회화나무 ○
70 쉬나무(적색) ⊵
73 참빗살나무(적색) ○
93 산수유(적색) ≥
94 감나무(황홍색) ≥
97 꽃개오동
97 개오동
98 모감주나무(황색)
105 남천(적색) ●
111 사철나무(적색) ○
114 식나무(적색) ●⊵
116 광나무(흑자색) ●
143 낙상홍(적색) ◐⊵
145 보리수나무(적색) ≥
155 쥐똥나무(흑색) ○
157 좀작살나무(농자색) ○⊵
158 작살나무(자색) ○⊵
158 누리장나무(벽색)
174 노박덩굴(황색)

○ 개화기간 30일 이상
● 개화기간 80일 이상
♥ 꿀이 있음
∽ 향이 좋음
○ 60일이상 열매가 매달려있음
◐ 초겨울까지 열매가 매달려있음
● 겨울내내 열매가 매달려있음
≥ 먹을 수 있는 열매
⊵ 새먹이가 되는 열매

수목용어 도해 및 해설

잎에 대하여

■ 잎

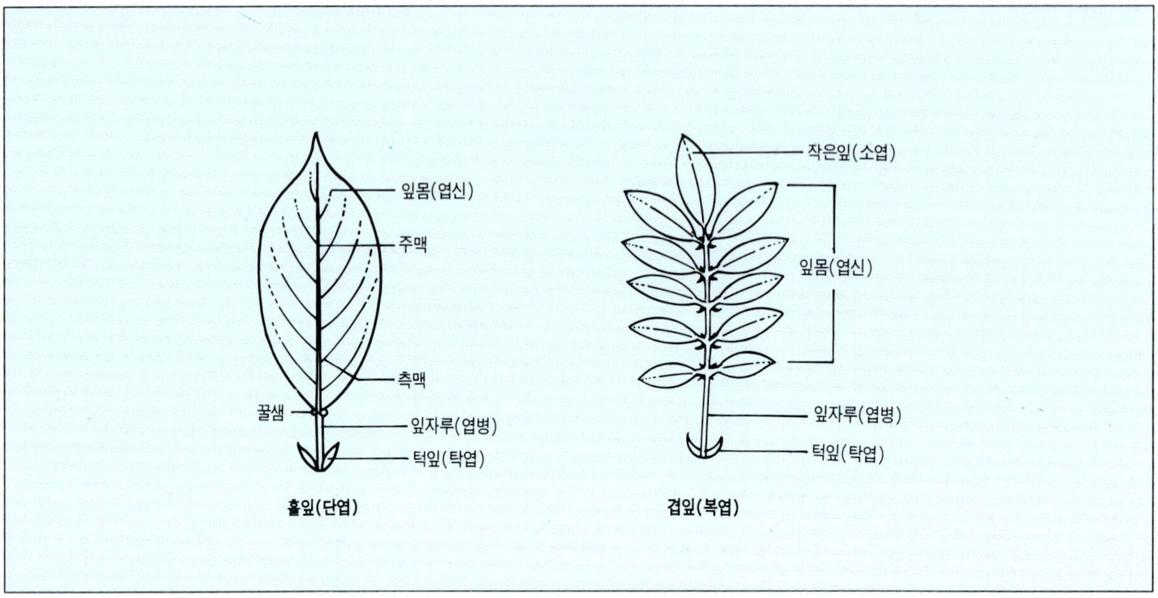

■ 잎차례

- 대생(對生 ; 마주나기 ; opposite) : 한 마디에 잎이 2개씩 마주 달리는 것
- 호생(互生 ; 어긋나기 ; alternate) : 한 마디에 잎이 1개씩 달리는 것
- 교호대생(交互對生 ; decussate) : 잎이 교대로 마주 달리는 것
- 윤생(輪生 ; 돌려나기 ; whorled) : 한 마디에 잎이 3개 이상 달리는 것

■ 잎의 종류

- 단엽(單葉 ; 홑잎 ; simple leaf) : 1개의 엽신으로 되어 된 것
- 복엽(複葉 ; 겹잎 ; compound leaf) : 2개이상의 엽신으로 된 것

■ 복엽의 종류

- 우상복엽(羽狀複葉 ; pinnately compound leaf) : 소엽이 총엽병 좌우로 달리는 복엽
- 기수우상복엽(奇數羽狀複葉 ; odd pinnately compound leaf) : 소엽의 수가 홀수인 복엽
- 우수우상복엽(偶數羽狀複葉 ; even pinnately compound leaf) : 소엽의 수가 짝수인 우상복엽
- 장상복엽(掌狀複葉 ; palmately compound leaf) : 소엽이 방사상으로 퍼져있는 복엽

잎 차 례

대생(마주나기)

호생(어긋나기)

윤생(둘러나기)

속생(뭉쳐나기)

복엽의 종류

기수1회 우상복엽

우수1회 우상복엽

3회 3출엽

3출엽

5출엽(장상복엽)

※ 사진은 '한국의 수목'(김태욱 저 · 교학사)에서 인용

■ 잎의 모양

- 침형(針形 ; acicular) : 가늘고 길며 끝이 뾰족한 모양
- 선형(線形 ; linear) : 길이가 너비보다 몇 배 길고, 양쪽 가장자리가 평행하면서 좁은 모양
- 피침형(披針形 ; lanceolate) : 창처럼 생겼으며, 길이가 너비가 몇 배가 되고 밑에서 1/3정도 되는 부분이 가장 넓으며, 끝이 뾰족한 모양
- 도피침형(倒披針形 ; oblanceolate) : 피침형이 거꾸로 선 모양
- 원형(圓形 ; orbicular) : 잎의 윤곽이 원형이거나 거의 원형인 모양
- 타원형(楕圓形 ; elliptical) : 길이가 너비의 2배가 되고, 양끝이 경사진 모양
- 광타원형(廣楕圓形 ; 넓은 타원형 ; oval) : 너비가 길이의 1/2 이상 되는 잎의 모양
- 장타원형(長楕圓形 ; 긴 타원형 ; oval) : 길이가 너비의 2배 이상 길고, 양쪽 가장자리가 평행한 모양
- 난형(卵形 ; ovate) : 달걀처럼 생겼고, 아랫부분이 가장 넓은 잎의 모양
- 도란형(倒卵形 ; obovate) : 거꾸로 선 달걀 모양
- 심장형(心臟形 ; cordate) : 심장 모양
- 도심장형(倒心臟形 ; obcordate) : 거꾸로 선 심장 모양
- 삼각형(三角形 ; deltoid) : 세모꼴 비슷한 모양
- 장형(掌形 ; palmate) : 손바닥을 편 모양
- 신장형(腎臟形 ; 콩팥형 ; reniform) : 신장(콩팥) 모양
- 순형(楯形 ; 방패형 ; peltate) : 방패 모양
- 선형(扇形 ; 부채꼴 ; flabellate) : 부채모양

■ 기타

- 엽서(葉序 ; 잎차례 ; phyllotaxis) : 잎의 줄기와 가지에달리는 모양
- 전연(全緣 ; entire) : 톱니가 없이 밋밋한 잎 가장자리
- 둔거치(鈍据齒 ; serrate) : 뾰족한 톱니 같은 잎 가장자리
- 치아상(齒牙狀 ; dentate) : 밖을 향하여 뾰족하게 뻗은 커다란 톱니 같은 것
- 선모(腺毛 ; glandular hair) : 끝이 원형의 선으로 된 털
- 성모(星毛 ; stellate) : 여러 갈래로 갈라져 별 모양으로 된 털
- 우모(羽毛 ; pulmose) : 깃과 같은 털
- 유모(柔毛 ; pubescent) : 부드럽고 짧은 털
- 융모(絨毛 ; 장연모 ; villous) : 길고 곧은 털
- 조모(組毛 ; scabrous) : 딱딱하고 아랫부분이 넓어 깔깔한 털
- 평활(平滑 ; glabrous) : 잎 표면에 털이 없고 밋밋한 것
- 혁질(革質 ; coriaceous) : 질감이 가죽과 같이 두꺼운 것

잎의 모양

잎의 갈라지기

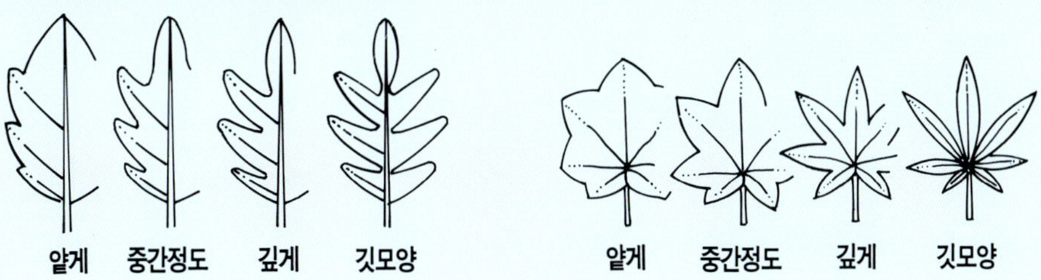

잎의 가장자리

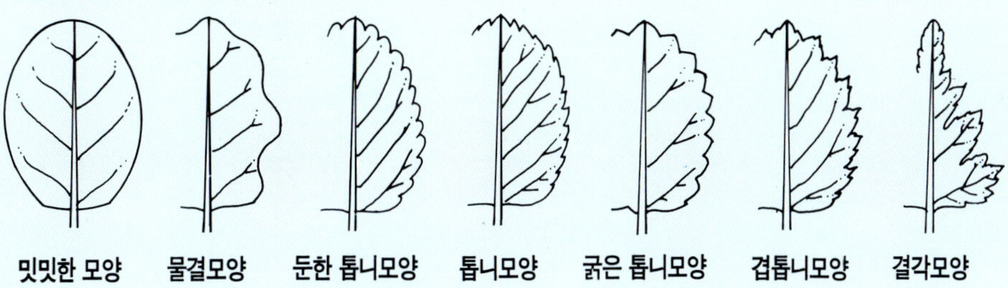

※ 사진은 '한국의 수목'(김태욱 저 · 교학사)에서 인용

꽃에 대하여

■ **꽃의 구조**

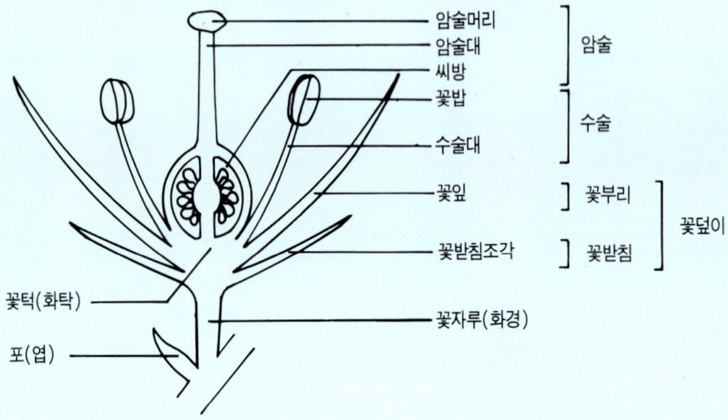

- 양성화(兩性花 ; bisexual flower) : 암술 · 수술을 모두 있는 꽃
- 단성화(單性花 ; monosexual flower) : 암술 · 수술 중 하나만 있는 꽃
- 수꽃(male flower) : 수술만 있는 꽃
- 암꽃(female flower) : 암술만 있는 꽃
- 중성화(中性花 ; neutral flower) : 암술 · 수술이 모두 없는 꽃
- 일가화(一家花 ; 자웅 동주 ; monoecious) : 암꽃 · 수꽃이 한 그루에 피는 것
- 이가화(二家花 ; 자웅 이주 ; dioecious) : 암꽃 · 수꽃이 다른 그루에 피는 것

■ **화서(花序 ; 꽃차례 ; 화축에 달리는 꽃의 배열 ; inflorescence)**

- 단정화서(單頂花序 ; solitary) : 화축(꽃줄기) 끝에 꽃이 1개씩 달리는 것
- 취산화서(聚繖花序 ; cyme) : 작은 꽃자루 끝에 달린 꽃들이 평편하거나 볼록한 모양으로 덩어리를 이루며 중심부의 꽃이 먼저 개화하는 것
- 총상화서(總狀花序 ; raceme) : 긴 화축에 작은꽃자루가 있는 꽃이 달리는 것
- 산방화서(繖房花序 ; corymb) : 화축에 달린 작은꽃자루가 아래쪽으로 갈수록 길어져 끝이 편평하거나 볼록한 모양을 이루는 것
- 수상화서(穗狀花序 ; spike) : 작은꽃가루 없은 꽃이 긴 화축에 달리는 것
- 유이화서(葇荑花序 ; ament) : 화축이 연하여 밑으로 처지는 화서로서, 꽃잎이 없고 포로 싸인 단성화로 된것
- 두상화서(頭狀花序 ; head) : 짧은 화축 끝에 작은꽃자루 없는 꽃이 밀생하여 덩어리 꽃을 이루는 것.

· 산형화서(傘形華序 ; umbel) : 화축이 짧고, 화축 끝에 거의 같은 길이의 작은꽃자루가 갈라지며, 갈라진 곳에 총포(總苞)가 있는 것
· 원추화서(圓錐華序 ; panicle) : 복합형으로 꽃자루(화경)가 계속 가지를 쳐서 원추형의 형태를 이루는 것

화서의 종류

총상화서　　복총상화서

복산방화서　　산형화서

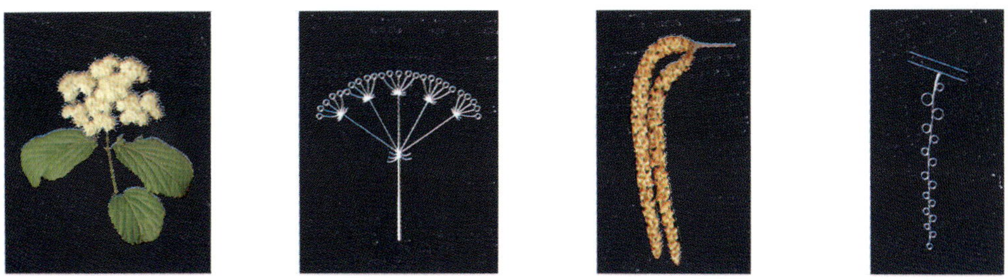

복산형화서　　유이화서

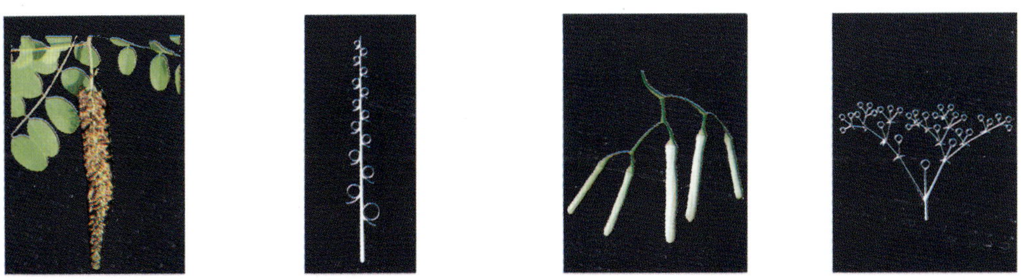

수상화서　　취산화서

※ 사진은 '한국의 수목'(김태욱 저 · 교학사)에서 인용

열매에 대하여

■ 열매의 유형

· 시과(翅果 ; samara) : 단풍나무 열매와 같이 날개가 발달하여 있는 열매로, 봉선을 따라 갈라지거나 날개가 달려있다.

· 견과(堅果 ; nut) : 도토리나 호두같이 과피가 단단한 열매를 말하며, 소형의 견과를 특히 소견과(nutlet)라고 한다.

· 골돌(蓇葖 ; 꼬투리 ; follicle) : 하나의 암술이 각각 발달한 열매로서, 통상 안쪽의 봉합선을 따라 갈라진다.

· 협과(莢果 ; 꼬투리 ; legume) : 두과(豆果)라고도 하며 콩과 식물의 전형적인 열매로서, 하나의 심피로 이루어진 씨방이 발달한 열매. 등부 또는 복부에서 세로로 갈라진다.

· 분리과(分離果 ; loment) : 꼬투리와 비슷하며, 하나의 심피 · 씨방에서 유래한 열매이나 종자가 들어있는 격간이 익으면 분리하여 여러 동강으로 떨어진다.

· 삭과(蒴果 ; capsule) : 2-다수의 심피에서 유해하는 열매로서 통상 심피의 수만큼 갈라진다.

· 장과(漿果 ; berry) : 액과(液果)라고도 하고, 포도나무 속의 열매같이 과피가 다육질인 열매로 내외벽 안에 많은 종자가 들어있다.

· 감과(柑果 ; hesperidium) : 귤같이 내과피가 과육을 여러 개의 방으로 분리시키는 열매로 과피가 가죽질이다.

· 석류과(石榴果 ; balausta) : 상하의 여러 개의 방으로 구성되어 있고, 종피도 육질이다.

· 이과(梨果 ; pome) : 하위씨방이 발달한 사과같은 열매이다. 통상 꽃받침이 발달하여 육질이 되고 다심피이고 다종자이다.

· 장미과(薔薇果 ; cynarrhodium) : 꽃받침이 발달하여 육질이 되고, 심피는 각각 떨어져서 소견과가 된다.

· 취과(聚果 ; aggregate fruit) : 집합과라고도 하고, 산딸기속과 같이 심피 또는 꽃받침이 육질로 되고 그위에 많은 씨방이 발달한 과실이 모여 하나의 과실형을 이룬 형태

· 구과(毬果 ; cone) : 소나무 등의 열매를 말하며 솔방울처럼 모인 포린 위에 2개 이상의 소견과가 달려있다.

· 핵과(核果 ; druoe) : 내과피는 매우 굳은 핵으로 되어있고, 중과피는 육질이며, 외과피는 얇고 보통 1실에 1개의 종자가 들어있다.

· 은화과(隱花果 ; syconium) : 주머니 처럼 생긴 육질의 화탁안에 많은 수과가 들어있다.

■ **기타**

· 심피(carpel) : 종자식물의 암술을 이루는 잎모양의 해부학적 용어로 배주를 싸고 있으며, 자라서 과피가 된다.

· 배주(ovule) : 종자로 발달하는 씨방 속의 구조로서 1-다수가 함유되어 있다.

· 씨방(ovary) : 암술의 팽창한 기부로서 심피에서 유래하며 배주를 함유한다.

열매의 모양

시과

견과

꼬투리 취과

삭과

골돌

감과

구과

영과

상과

이과

장미과

핵과

※ 사진은 '한국의 수목'(김태욱 저 · 교학사)에서 인용

SCIENTIFIC NAME

[M]

[N]

[O]

[P]

[Q]

[R]

찾아보기

조경수목도감

감　　수　한국조경학회
감수위원　심경구(성균관대학 조경학과 교수)
　　　　　정연선(조경설계사무소 서안(주) 대표)
　　　　　최명섭(산림청 임업연구원 임업연구사)
편집대표　권문한(대한주택공사 토목설계처장)
집행총괄　김성수(대한주택공사 조경부장)
자료정리　최중해(대한주택공사 조경과장)
편집기획　노환기　최정민
사진촬영　김성수　최중해　노환기　강기남

1998년 8월 10일　1판 1쇄 발행
2023년 6월 10일　1판 9쇄 발행

저　　자　대한주택공사
발 행 인　강 해 작
발 행 처　기 문 당
주　　소　서울시 성동구 무학봉 28길 4-1
전　　화　02)2295-6171(代)~5
팩　　스　02)6971-8188
출판등록　1976. 10. 7(1976-2)
홈페이지　http://www.kimoondang.com
I S B N　89-7086-248-X　93540
정　　가　30,000원